RAPHAEL'S ASTRONOMICAL

Ephemeris of t'

f

A Complet

Mean Obliquity of th

INTRO

Greenwich Mean Time (G.M.T.) has been used as the basis for all tabulations and times (G.M.T. is essentially the same as U.T.). The tabular data are for Greenwich Mean Time 12h., except for the Moon tabulations headed 24h. All phenomena and aspect times are now in G.M.T. To obtain Local Mean Time of aspect, add the time equivalent of the longitude if East and subtract if West.

Both in the Aspectarian and the Phenomena the 24-hour clock replaces the old a.m./p.m. system.

The zodiacal sign entries are now incorporated in the Aspectarian as well as being given in a separate table.

BRITISH SUMMER TIME

British Summer Time begins on March 30 and ends on October 26. When *British Summer Time* (one hour in advance of G.M.T.) is used, subtract one hour from B.S.T. before entering this Ephemeris.

These dates are believed to be correct at the time of printing.

Printed in Great Britain

ISBN 0-572-02707-9

Published by

LONDON: W. FOULSHAM & CO. LTD.

BENNETTS CLOSE, SLOUGH, BERKS. ENGLAND

NEW YORK TORONTO CAPE TOWN SYDNEY

NEW MOON–Jan. 2,20h.23m. (12°♑01′)

D M	D W	Sidereal Time	☉ Long.	☉ Dec.	☽ Long.	☽ Lat.	☽ Dec.	☽ Node	24h. ☽ Long.	24h. ☽ Dec.
		h m s	° ′ ″	° ′	° ′ ″	° ′	° ′	° ′	° ′ ″	° ′
1	W	18 42 55	10♑38 48	23 S 01	23♐07 26	1 S 19	24 S 35	7♊00	0♑10 18	25 S 22
2	Th	18 46 52	11 39 59	22 56	7♑10 11	2 30	25 45	6 57	14 06 34	25 43
3	F	18 50 48	12 41 10	22 50	20 59 00	3 31	25 17	6 54	27 47 03	24 28
4	S	18 54 45	13 42 21	22 44	4♒30 23	4 19	23 19	6 51	11♒08 47	21 52
5	Su	18 58 41	14 43 32	22 38	17 42 06	4 51	20 09	6 48	24 10 19	18 12
6	M	19 02 38	15 44 42	22 31	0♓33 29	5 08	16 04	6 45	6♓51 47	13 48
7	T	19 06 35	16 45 52	22 23	13 05 30	5 09	11 24	6 41	19 14 58	8 55
8	W	19 10 31	17 47 02	22 15	25 20 37	4 56	6 23	6 38	1♈22 56	3 S 48
9	Th	19 14 28	18 48 12	22 07	7♈22 29	4 30	1 S 13	6 35	13 19 51	1 N 22
10	F	19 18 24	19 49 20	21 59	19 15 38	3 53	3 N 56	6 32	25 10 31	6 28
11	S	19 22 21	20 50 29	21 49	1♉05 08	3 06	8 56	6 29	7♉00 08	11 20
12	Su	19 26 17	21 51 37	21 40	12 56 12	2 11	13 38	6 25	18 53 56	15 49
13	M	19 30 14	22 52 44	21 30	24 53 59	1 10	17 52	6 22	0♊56 53	19 44
14	T	19 34 10	23 53 51	21 20	7♊03 12	0 S 05	21 25	6 19	13 13 22	22 52
15	W	19 38 07	24 54 57	21 09	19 27 49	1 N 02	24 03	6 16	25 46 53	24 57
16	Th	19 42 04	25 56 02	20 58	2♋10 46	2 07	25 33	6 13	8♋39 38	25 47
17	F	19 46 00	26 57 07	20 46	15 13 31	3 07	25 40	6 10	21 52 20	25 11
18	S	19 49 57	27 58 12	20 34	28 35 55	3 58	24 20	6 06	5♌23 59	23 07
19	Su	19 53 53	28♑59 16	20 22	12♌16 09	4 37	21 33	6 03	19 11 58	19 40
20	M	19 57 50	0♒00 19	20 09	26 10 56	5 00	17 29	6 00	3♍12 28	15 04
21	T	20 01 46	1 01 22	19 56	10♍16 01	5 05	12 25	5 57	17 21 00	9 37
22	W	20 05 43	2 02 24	19 42	24 26 54	4 52	6 40	5 54	1♎33 12	3 N 38
23	Th	20 09 39	3 03 26	19 28	8♎39 29	4 21	0 N 34	5 51	15 45 24	2 S 32
24	F	20 13 36	4 04 27	19 14	22 50 38	3 33	5 S 35	5 47	29 54 57	8 34
25	S	20 17 33	5 05 28	19 00	6♏58 13	2 33	11 26	5 44	14♏00 16	14 08
26	Su	20 21 29	6 06 28	18 45	21 01 03	1 24	16 40	5 41	28 00 28	18 57
27	M	20 25 26	7 07 28	18 29	4♐58 27	0 N 11	20 57	5 38	11♐54 57	22 39
28	T	20 29 22	8 08 28	18 14	18 49 49	1 S 03	24 01	5 35	25 42 57	25 01
29	W	20 33 19	9 09 27	17 58	2♑34 11	2 12	25 37	5 31	9♑23 18	25 50
30	Th	20 37 15	10 10 25	17 42	16 10 04	3 13	25 39	5 28	22 54 13	25 06
31	F	20 41 12	11♒11 22	17 S 25	29♑35 30	4 S 02	24 S 11	5♊25	6♒13 39	22 S 56

D M	Mercury Lat.	Mercury Dec.		Venus Lat.	Venus Dec.		Mars Lat.	Mars Dec.		Jupiter Lat.	Jupiter Dec.
	° ′	° ′	° ′	° ′	° ′	° ′	° ′	° ′	° ′	° ′	° ′
1	0 S 04	20 S 34	20 S 15	3 N 34	15 S 21	15 S 34	0 N 41	17 S 03	17 S 14	0 N 46	16 N 31
3	0 N 31	19 58	19 43	3 35	15 47	16 00	0 40	17 25	17 35	0 47	16 35
5	1 09	19 29	19 18	3 35	16 13	16 26	0 39	17 46	17 56	0 47	16 39
7	1 47	19 08	19 01	3 34	16 39	16 52	0 38	18 06	18 16	0 48	16 43
9	2 23	18 56	18 53	3 33	17 04	17 17	0 37	18 26	18 36	0 48	16 47
11	2 53	18 52	18 52	3 31	17 29	17 41	0 36	18 45	18 55	0 48	16 51
13	3 13	18 54	18 58	3 29	17 53	18 05	0 35	19 04	19 13	0 49	16 56
15	3 24	19 02	19 08	3 26	18 16	18 28	0 33	19 22	19 31	0 49	17 00
17	3 25	19 15	19 22	3 23	18 38	18 49	0 32	19 40	19 49	0 49	17 05
19	3 18	19 30	19 38	3 19	19 00	19 10	0 31	19 57	20 06	0 50	17 09
21	3 05	19 47	19 56	3 14	19 19	19 29	0 30	20 14	20 22	0 50	17 14
23	2 48	20 05	20 13	3 09	19 38	19 46	0 29	20 30	20 37	0 50	17 19
25	2 29	20 22	20 30	3 04	19 55	20 02	0 27	20 45	20 52	0 51	17 24
27	2 08	20 38	20 45	2 59	20 10	20 17	0 26	21 00	21 07	0 51	17 28
29	1 47	20 52	20 S 58	2 53	20 24	20 S 30	0 25	21 14	21 S 21	0 51	17 33
31	1 N 25	21 S 03		2 N 46	20 S 35		0 N 23	21 S 27		0 N 51	17 N 38

FIRST QUARTER–Jan.10,13h.15m. (19°♈53′)

FULL MOON–Jan.18,10h.48m. (27°♋55′)

D M	☿ Long.	♀ Long.	♂ Long.	♃ Long.	♄ Long.	♅ Long.	♆ Long.	♇ Long.	☉	☿	♀	♂	♃	♄	♅	♆	♇
	° ′	° ′	° ′	° ′	° ′	° ′	° ′	° ′	Lunar Aspects								
1	28♑19	24♏08	19♏53	16♌51	24♊24	26♒17	9♒35	18♐18		⚺	⚺	⚺	△	☍	✱	∠	☌
2	28 27	25 05	20 32	16R 45	24R 20	26 20	9 37	18 20	☌		∠	∠	⚼		∠	⚺	
3	28R 25	26 03	21 11	16 40	24 15	26 22	9 39	18 22			✱	✱			⚺		⚺
4	28 10	27 01	21 49	16 34	24 11	26 25	9 41	18 24		☌				⚼		☌	∠
5	27 44	27 59	22 28	16 29	24 06	26 28	9 43	18 26	⚺			□	☍	△			✱
6	27 06	28 58	23 07	16 23	24 02	26 31	9 45	18 28	∠	⚺	□				☌		
7	26 17	29♏57	23 46	16 17	23 57	26 34	9 47	18 31	✱	∠						⚺	□
8	25 18	0♐57	24 24	16 10	23 53	26 36	9 50	18 33		✱		△	⚼	□	⚺	∠	
9	24 10	1 57	25 03	16 04	23 49	26 39	9 52	18 35			△	⚼			∠	✱	
10	22 56	2 58	25 42	15 58	23 45	26 42	9 54	18 37	□	□	⚼		△	✱			△
11	21 38	3 59	26 20	15 51	23 40	26 45	9 56	18 39							✱		⚼
12	20 18	5 00	26 59	15 44	23 36	26 48	9 58	18 41					□	∠		□	
13	18 59	6 02	27 38	15 38	23 32	26 51	10 00	18 43	△	△		☍		⚺	□		
14	17 43	7 04	28 16	15 31	23 29	26 54	10 03	18 45	⚼	⚼	☍					△	
15	16 33	8 07	28 55	15 24	23 25	26 57	10 05	18 47					✱	☌		⚼	☍
16	15 30	9 10	29♏34	15 17	23 21	27 00	10 07	18 49					∠		△		
17	14 35	10 13	0♐12	15 09	23 17	27 03	10 09	18 50		☍		⚼	⚺		⚼		
18	13 49	11 16	0 51	15 02	23 14	27 07	10 12	18 52	☍		⚼	△		⚺			⚼
19	13 13	12 20	1 30	14 55	23 10	27 10	10 14	18 54			△		☌	∠		☍	△
20	12 46	13 24	2 08	14 47	23 07	27 13	10 16	18 56		⚼		□		✱	☍		
21	12 28	14 29	2 47	14 40	23 03	27 16	10 18	18 58	⚼	△	□		⚺				
22	12 19	15 33	3 26	14 32	23 00	27 19	10 21	19 00					∠	□		⚼	□
23	12D 19	16 38	4 04	14 24	22 57	27 22	10 23	19 02	△	□		✱	✱		⚼	△	
24	12 26	17 44	4 43	14 17	22 54	27 26	10 25	19 03			✱	∠		△	△		✱
25	12 41	18 49	5 22	14 09	22 51	27 29	10 27	19 05	□	✱	∠	⚺		⚼		□	∠
26	13 02	19 55	6 00	14 01	22 48	27 32	10 30	19 07			⚺		□		□		⚺
27	13 30	21 01	6 39	13 53	22 45	27 35	10 32	19 08	✱	∠		●				✱	
28	14 03	22 07	7 18	13 45	22 42	27 39	10 34	19 10	∠	⚺	☌		△	☍		∠	☌
29	14 41	23 13	7 56	13 37	22 40	27 42	10 36	19 12				⚺	⚼		✱		
30	15 24	24 20	8 35	13 29	22 37	27 45	10 39	19 13	⚺	☌					∠	⚺	⚺
31	16♑12	25♐27	9♐14	13♌21	22♊35	27♒49	10♒41	19♐15			⚺	∠			⚺		∠

D M	Saturn Lat.	Saturn Dec.	Uranus Lat.	Uranus Dec.	Neptune Lat.	Neptune Dec.	Pluto Lat.	Pluto Dec.
	° ′	° ′	° ′	° ′	° ′	° ′	° ′	° ′
1	1S17	22N02	0S43	13S26	0N02	17S49	9N12	13S46
3	1 17	22 02	0 43	13 24	0 02	17 48	9 12	13 46
5	1 16	22 02	0 43	13 22	0 02	17 47	9 12	13 46
7	1 16	22 02	0 43	13 20	0 02	17 46	9 12	13 46
9	1 16	22 02	0 43	13 18	0 02	17 44	9 12	13 47
11	1 15	22 02	0 43	13 16	0 02	17 43	9 12	13 47
13	1 15	22 02	0 43	13 14	0 02	17 42	9 13	13 47
15	1 15	22 02	0 43	13 12	0 02	17 41	9 13	13 47
17	1 14	22 02	0 43	13 10	0 02	17 40	9 13	13 47
19	1 14	22 02	0 43	13 08	0 02	17 39	9 13	13 47
21	1 14	22 02	0 43	13 05	0 02	17 37	9 13	13 47
23	1 13	22 02	0 43	13 03	0 02	17 36	9 14	13 47
25	1 13	22 02	0 43	13 01	0 02	17 35	9 14	13 47
27	1 13	22 02	0 43	12 59	0 02	17 34	9 14	13 47
29	1 12	22 02	0 43	12 56	0 02	17 33	9 14	13 47
31	1S12	22N02	0S43	12S54	0N02	17S31	9N15	13S47

Mutual Aspects

1 ☉±♃. ♀∇♄.
2 ☉∠♅. ☿Stat.
3 ♀□♅.
5 ☿✱♀. ♀Q♆. ♂∥♆.
7 ☉∇♃. ☿⚺♅. ♂∇♄. ♀#♃.
9 ☉⚺♇. ☿✱♂. ☿∇♄. ☿⊥♇.
10 ☉#♄.
11 ☉☌☿. ☉⊥♅.
12 ☿∠♀. ☿⊥♅. ♂□♅. ☿∥♂. ♀∥♆.
13 ☿⚺♇.
14 ☉∇♄. ♂Q♆.
15 ☉⊥♇.
16 ☿⊥♀. ☿∇♃.
17 ☉⚺♅. ☿∠♂. ♀✱♆.
19 ☉±♄.
20 ☿⚺♀. ☉∥♂.
21 ♀△♃. ☉∥☿.
22 ☿∠♅. ♀Q♅.
23 ☉∥♀. ☿Stat.
24 ☉∠♇. ☿∠♅.
25 ♀☌♇.
26 ☉✱♂.
28 ☉⚼♄. ☿∇♃.
29 ♀☍♄. ♃#♆.
30 ☉☌♆. ☉#♃.
31 ♀∠♆. ☉∥♆.

LAST QUARTER–Jan.25,08h.33m. (4°♏57′)

NEW MOON–Feb. 1,10h.48m. (12°♒09′)

D M	D W	Sidereal Time	⊙ Long.	⊙ Dec.	☽ Long.	☽ Lat.	☽ Dec.	☽ Node	24h. ☽ Long.	24h. ☽ Dec.
		h m s	° ′ ″	° ′	° ′ ″	° ′	° ′	° ′	° ′ ″	° ′
1	S	20 45 08	12 ♒ 12 18	17 S 08	12 ♒ 48 24	4 S 37	21 S 24	5 ♊ 22	19 ♒ 19 32	19 S 36
2	Su	20 49 05	13 13 13	16 51	25 46 53	4 57	17 35	5 19	2 ♓ 10 19	15 23
3	M	20 53 02	14 14 07	16 34	8 ♓ 29 48	5 02	13 03	5 16	14 45 21	10 35
4	T	20 56 58	15 15 00	16 16	20 57 05	4 52	8 03	5 12	27 05 11	5 28
5	W	21 00 55	16 15 51	15 58	3 ♈ 09 55	4 29	2 S 51	5 09	9 ♈ 11 38	0 S 14
6	Th	21 04 51	17 16 41	15 39	15 10 44	3 54	2 N 23	5 06	21 07 43	4 N 58
7	F	21 08 48	18 17 29	15 21	27 03 06	3 09	7 29	5 03	2 ♉ 57 30	9 56
8	S	21 12 44	19 18 17	15 02	8 ♉ 51 32	2 16	12 18	5 00	14 45 51	14 33
9	Su	21 16 41	20 19 02	14 43	20 41 08	1 18	16 41	4 57	26 38 07	18 39
10	M	21 20 37	21 19 46	14 24	2 ♊ 37 27	0 S 15	20 26	4 53	8 ♊ 39 52	22 02
11	T	21 24 34	22 20 29	14 04	14 46 01	0 N 49	23 23	4 50	20 56 32	24 29
12	W	21 28 31	23 21 10	13 44	27 11 59	1 53	25 17	4 47	3 ♋ 32 53	25 46
13	Th	21 32 27	24 21 49	13 24	9 ♋ 59 39	2 52	25 55	4 44	16 32 35	25 43
14	F	21 36 24	25 22 27	13 04	23 11 52	3 44	25 08	4 41	29 57 31	24 10
15	S	21 40 20	26 23 03	12 43	6 ♌ 49 25	4 25	22 50	4 37	13 ♌ 47 16	21 09
16	Su	21 44 17	27 23 38	12 23	20 50 37	4 51	19 09	4 34	27 58 50	16 50
17	M	21 48 13	28 24 10	12 02	5 ♍ 11 11	5 00	14 16	4 31	12 ♍ 26 49	11 28
18	T	21 52 10	29 ♒ 24 42	11 41	19 44 47	4 50	8 30	4 28	27 04 07	5 N 24
19	W	21 56 06	0 ♓ 25 12	11 19	4 ♎ 23 54	4 20	2 N 14	4 25	11 ♎ 43 14	0 S 58
20	Th	22 00 03	1 25 41	10 58	19 01 17	3 34	4 S 09	4 22	26 17 22	7 16
21	F	22 04 00	2 26 08	10 36	3 ♏ 30 55	2 34	10 16	4 18	10 ♏ 41 31	13 08
22	S	22 07 56	3 26 34	10 15	17 48 50	1 25	15 47	4 15	24 52 43	18 12
23	Su	22 11 53	4 26 59	9 53	1 ♐ 53 04	0 N 12	20 21	4 12	8 ♐ 49 53	22 11
24	M	22 15 49	5 27 22	9 31	15 43 16	1 S 01	23 41	4 09	22 33 17	24 50
25	T	22 19 46	6 27 44	9 08	29 20 05	2 09	25 35	4 06	6 ♑ 03 48	25 58
26	W	22 23 42	7 28 05	8 46	12 ♑ 44 33	3 09	25 58	4 03	19 22 26	25 35
27	Th	22 27 39	8 28 24	8 24	25 57 31	3 58	24 51	3 59	2 ♒ 29 51	23 46
28	F	22 31 35	9 ♓ 28 42	8 S 01	8 ♒ 59 26	4 S 33	22 S 24	3 ♊ 56	15 ♒ 26 17	20 S 45

D M	Mercury Lat.	Mercury Dec.		Venus Lat.	Venus Dec.		Mars Lat.	Mars Dec.		Jupiter Lat.	Jupiter Dec.
	° ′	° ′	° ′	° ′	° ′	° ′	° ′	° ′	° ′	° ′	° ′
1	1 N 14	21 S 07	21 S 11	2 N 43	20 S 41	20 S 45	0 N 22	21 S 34	21 S 40	0 N 52	17 N 41
3	0 54	21 13	21 15	2 37	20 49	20 53	0 21	21 46	21 52	0 52	17 45
5	0 33	21 15	21 15	2 30	20 56	20 59	0 20	21 58	22 04	0 52	17 50
7	0 N 14	21 13	21 10	2 23	21 01	21 03	0 18	22 09	22 14	0 52	17 55
9	0 S 04	21 06	21 01	2 15	21 04	21 05	0 16	22 20	22 25	0 52	17 59
11	0 22	20 55	20 47	2 08	21 05	21 04	0 15	22 29	22 34	0 53	18 04
13	0 38	20 38	20 28	2 00	21 03	21 02	0 13	22 38	22 43	0 53	18 08
15	0 53	20 17	20 04	1 52	20 59	20 57	0 12	22 47	22 51	0 53	18 13
17	1 07	19 51	19 36	1 45	20 53	20 49	0 10	22 55	22 58	0 53	18 17
19	1 19	19 19	19 02	1 37	20 45	20 40	0 08	23 02	23 05	0 53	18 21
21	1 31	18 43	18 22	1 29	20 34	20 28	0 06	23 08	23 11	0 53	18 25
23	1 41	18 01	17 38	1 21	20 21	20 14	0 04	23 14	23 16	0 53	18 29
25	1 50	17 14	16 49	1 13	20 06	19 58	0 03	23 19	23 21	0 53	18 32
27	1 57	16 22	15 54	1 04	19 49	19 39	0 N 01	23 23	23 25	0 53	18 36
29	2 03	15 25	14 S 54	0 56	19 29	19 S 18	0 S 01	23 27	23 S 28	0 53	18 39
31	2 S 07	14 S 23		0 N 48	19 S 07		0 S 03	23 S 30		0 N 53	18 N 42

FIRST QUARTER–Feb. 9,11h.11m. (20°♉17′)

FULL MOON–Feb.16,23h.51m. (27°♌54′)

EPHEMERIS]			FEBRUARY 2003					5
D M	☿ Long.	♀ Long.	♂ Long.	♃ Long.	♄ Long.	♅ Long.	♆ Long.	♇ Long.
	° ′	° ′	° ′	° ′	° ′	° ′	° ′	° ′
1	17♑02	26♐34	9♐52	13♌13	22♊32	27♒52	10♒43	19♐17
2	17 57	27 41	10 31	13R 05	22R 30	27 56	10 46	19 18
3	18 54	28 48	11 10	12 57	22 28	27 59	10 48	19 20
4	19 55	29♐56	11 48	12 49	22 26	28 02	10 50	19 21
5	20 58	1♑04	12 27	12 41	22 24	28 06	10 52	19 23
6	22 03	2 11	13 05	12 33	22 22	28 09	10 55	19 24
7	23 11	3 19	13 44	12 25	22 20	28 13	10 57	19 26
8	24 21	4 28	14 23	12 17	22 19	28 16	10 59	19 27
9	25 33	5 36	15 01	12 09	22 17	28 19	11 01	19 28
10	26 46	6 44	15 40	12 02	22 16	28 23	11 04	19 30
11	28 01	7 53	16 18	11 54	22 15	28 26	11 06	19 31
12	29♑18	9 02	16 57	11 46	22 14	28 30	11 08	19 32
13	0♒36	10 11	17 35	11 39	22 12	28 33	11 10	19 33
14	1 56	11 20	18 14	11 31	22 12	28 37	11 13	19 35
15	3 16	12 29	18 52	11 23	22 11	28 40	11 15	19 36
16	4 38	13 38	19 31	11 16	22 10	28 44	11 17	19 37
17	6 02	14 47	20 09	11 09	22 09	28 47	11 19	19 38
18	7 26	15 57	20 48	11 01	22 09	28 51	11 21	19 39
19	8 52	17 06	21 26	10 54	22 09	28 54	11 24	19 40
20	10 19	18 16	22 05	10 47	22 08	28 57	11 26	19 41
21	11 47	19 26	22 43	10 40	22 08	29 01	11 28	19 42
22	13 15	20 36	23 22	10 33	22D 08	29 04	11 30	19 43
23	14 45	21 46	24 00	10 26	22 08	29 08	11 32	19 44
24	16 16	22 56	24 38	10 20	22 08	29 11	11 34	19 45
25	17 48	24 06	25 17	10 13	22 09	29 15	11 37	19 46
26	19 21	25 16	25 55	10 07	22 09	29 18	11 39	19 47
27	20 56	26 27	26 34	10 00	22 10	29 22	11 41	19 48
28	22♒31	27♑37	27♐12	9♌54	22♊10	29♒25	11♒43	19♐48

D M	Lunar Aspects ☉	☿	♀	♂	♃	♄	♅	♆	♇
1	☌	⚺	∠	⚹	☍	⚼		☌	⚹
2			⚹			△	☌		
3	⚺	∠		□				⚺	
4		⚹				□		∠	□
5	∠		□		⚼		⚺		
6	⚹			△	△		∠	⚹	△
7		□		⚼		⚹	⚹		
8			△		□	∠		□	⚼
9	□	△	⚼			⚺			
10							□		
11		⚼		☍	⚹			△	☍
12	△				∠	☌	△	⚼	
13	⚼		☍		⚺		⚼		
14						⚺			
15		☍		⚼	☌	∠		☍	⚼
16	☍			△		⚹			△
17			⚼		⚺		☍		
18		⚼	△	□	∠	□		⚼	□
19		△			⚹			△	
20	⚼		□	⚹		△	⚼		⚹
21	△			∠	□	⚼	△		∠
22		□	⚹	⚺				□	⚺
23	□		∠				□		
24		⚹			△	☍		⚹	☌
25		∠	⚺	☌	⚼		⚹	∠	
26	⚹						∠	⚺	
27	∠	⚺	☌	⚺			⚺		⚺
28	⚺			∠	☍	⚼		☌	∠

D M	Saturn Lat.	Saturn Dec.	Uranus Lat.	Uranus Dec.	Neptune Lat.	Neptune Dec.	Pluto Lat.	Pluto Dec.
	° ′	° ′	° ′	° ′	° ′	° ′	° ′	° ′
1	1S12	22N02	0S43	12S53	0N02	17S31	9N15	13S47
3	1 11	22 03	0 43	12 51	0 02	17 30	9 15	13 47
5	1 11	22 03	0 43	12 48	0 02	17 28	9 15	13 47
7	1 10	22 03	0 43	12 46	0 02	17 27	9 16	13 47
9	1 10	22 03	0 43	12 43	0 02	17 26	9 16	13 47
11	1 09	22 03	0 43	12 41	0 02	17 25	9 16	13 47
13	1 09	22 04	0 43	12 39	0 02	17 24	9 17	13 47
15	1 09	22 04	0 43	12 36	0 02	17 22	9 17	13 46
17	1 08	22 04	0 43	12 34	0 02	17 21	9 17	13 46
19	1 08	22 05	0 43	12 31	0 02	17 20	9 18	13 46
21	1 07	22 05	0 43	12 29	0 02	17 19	9 18	13 46
23	1 07	22 06	0 43	12 27	0 02	17 18	9 19	13 45
25	1 06	22 06	0 43	12 24	0 02	17 16	9 19	13 45
27	1 06	22 07	0 43	12 22	0 02	17 15	9 20	13 45
29	1 06	22 07	0 43	12 19	0 02	17 14	9 20	13 45
31	1S05	22N08	0S43	12S17	0N02	17S13	9N20	13S44

Mutual Aspects

2 ☉☍♃. ♀⚼♃. ♀⚹♅. ♂⚹♆.
3 ☿⚺♇. 5 ♂△♃.
6 ☿⚻♄. ☿⊥♅. ♂#♄.
7 ☉∠♀.
8 ☉⚹♇. ♀⊥♆.
9 ☿⊥♇. ♀±♃. ☿∥♀.
11 ☉△♄. ☿±♄. ☿⚺♅. ♂Q♅.
12 ☉∥♇.
14 ♀⚻♃. ♀⚺♆.
15 ☉∥♅.
16 ☿∠♂. ☿∠♇. ♀∠♅. ♂☌♇. ♃☍♆.
17 ☉☌♅. 18 ☿⚼♄.
20 ☉Q♇. ☿☍♃. ♂☍♄.
21 ☿☌♆. ♀⚺♇.
22 ☿#♃. ♄ Stat.
23 ♀⚻♄. 24 ♀⊥♅.
25 ♂⚼♃. ☿∥♆.
26 ☿⚹♇. ♀⊥♇.
27 ☉Q♂. ♀⚺♂. ♂∠♆.
28 ☉⚻♃. ☿△♄. ♀±♄.

LAST QUARTER–Feb.23,16h.46m. (4°♐39′)

NEW MOON–Mar. 3,02h.35m. (12°♓06′)

D M	D W	Sidereal Time	☉ Long.	☉ Dec.	☽ Long.	☽ Lat.	☽ Dec.	☽ Node	24h. ☽ Long.	24h. ☽ Dec.
		h m s	° ′ ″	° ′	° ′ ″	° ′	° ′	° ′	° ′ ″	° ′
1	S	22 35 32	10 ♓ 28 58	7 S 38	21 ♒ 50 20	4 S 54	18 S 51	3 ♊ 53	28 ♒ 11 33	16 S 46
2	Su	22 39 29	11 29 12	7 15	4 ♓ 29 55	5 00	14 31	3 50	10 ♓ 45 23	12 07
3	M	22 43 25	12 29 25	6 52	16 57 56	4 51	9 37	3 47	23 07 37	7 03
4	T	22 47 22	13 29 36	6 29	29 14 29	4 29	4 S 25	3 43	5 ♈ 18 39	1 S 46
5	W	22 51 18	14 29 44	6 06	11 ♈ 20 17	3 55	0 N 53	3 40	17 19 38	3 N 30
6	Th	22 55 15	15 29 51	5 43	23 16 57	3 11	6 05	3 37	29 12 37	8 36
7	F	22 59 11	16 29 56	5 20	5 ♉ 07 02	2 19	11 03	3 34	11 ♉ 00 40	13 23
8	S	23 03 08	17 29 59	4 56	16 54 01	1 21	15 35	3 31	22 47 41	17 39
9	Su	23 07 04	18 29 59	4 33	28 42 15	0 S 19	19 33	3 28	4 ♊ 38 22	21 16
10	M	23 11 01	19 29 58	4 09	10 ♊ 36 43	0 N 44	22 46	3 24	16 37 58	24 01
11	T	23 14 58	20 29 54	3 46	22 42 51	1 46	25 00	3 21	28 52 00	25 42
12	W	23 18 54	21 29 49	3 22	5 ♋ 06 08	2 45	26 05	3 18	11 ♋ 05 50	26 00
13	Th	23 22 51	22 29 41	2 59	17 51 40	3 37	25 50	3 15	24 24 07	25 10
14	F	23 26 47	23 29 30	2 35	1 ♌ 03 31	4 20	24 09	3 12	7 ♌ 50 07	22 46
15	S	23 30 44	24 29 18	2 11	14 43 57	4 49	21 01	3 08	21 44 54	18 57
16	Su	23 34 40	25 29 03	1 48	28 52 39	5 03	16 35	3 05	6 ♍ 06 40	13 57
17	M	23 38 37	26 28 47	1 24	13 ♍ 26 14	4 57	11 05	3 02	20 50 27	8 01
18	T	23 42 33	27 28 28	1 00	28 18 14	4 31	4 N 49	2 59	5 ♎ 48 27	1 N 32
19	W	23 46 30	28 28 07	0 37	13 ♎ 19 53	3 46	1 S 47	2 56	20 51 18	5 S 05
20	Th	23 50 27	29 ♓ 27 44	0 S 13	28 21 33	2 46	8 18	2 53	5 ♏ 49 35	11 24
21	F	23 54 23	0 ♈ 27 19	0 N 11	13 ♏ 14 28	1 35	14 19	2 49	20 35 26	16 59
22	S	23 58 20	1 26 53	0 35	27 51 54	0 N 18	19 23	2 46	5 ♐ 03 26	21 29
23	Su	0 02 16	2 26 25	0 58	12 ♐ 09 49	0 S 58	23 13	2 43	19 10 54	24 34
24	M	0 06 13	3 25 55	1 22	26 06 42	2 09	25 32	2 40	2 ♑ 57 20	26 06
25	T	0 10 09	4 25 24	1 45	9 ♑ 43 00	3 11	26 15	2 37	16 23 54	26 02
26	W	0 14 06	5 24 50	2 09	23 00 20	4 01	25 26	2 34	29 32 33	24 30
27	Th	0 18 02	6 24 15	2 33	6 ♒ 00 53	4 37	23 15	2 30	12 ♒ 25 34	21 42
28	F	0 21 59	7 23 39	2 56	18 46 52	4 59	19 56	2 27	25 05 01	17 56
29	S	0 25 56	8 23 00	3 19	1 ♓ 20 15	5 06	15 45	2 24	7 ♓ 32 45	13 26
30	Su	0 29 52	9 22 19	3 43	13 42 41	4 58	10 59	2 21	19 50 12	8 27
31	M	0 33 49	10 ♈ 21 37	4 N 06	25 ♓ 55 27	4 S 37	5 S 51	2 ♊ 18	1 ♈ 58 35	3 S 13

D M	Mercury Lat.	Mercury Dec.	Mercury Dec.	Venus Lat.	Venus Dec.	Venus Dec.	Mars Lat.	Mars Dec.	Mars Dec.	Jupiter Lat.	Jupiter Dec.
	° ′	° ′	° ′	° ′	° ′	° ′	° ′	° ′	° ′	° ′	° ′
1	2 S 03	15 S 25	14 S 54	0 N 56	19 S 29	19 S 18	0 S 01	23 S 27	23 S 28	0 N 53	18 N 39
3	2 07	14 23	13 49	0 48	19 07	18 55	0 03	23 30	23 31	0 53	18 42
5	2 10	13 15	12 39	0 41	18 43	18 30	0 05	23 32	23 33	0 53	18 45
7	2 11	12 02	11 24	0 33	18 17	18 03	0 08	23 33	23 34	0 53	18 48
9	2 10	10 45	10 04	0 25	17 48	17 33	0 10	23 34	23 34	0 53	18 50
11	2 08	9 22	8 39	0 17	17 18	17 02	0 12	23 34	23 34	0 53	18 53
13	2 03	7 54	7 09	0 10	16 46	16 29	0 14	23 34	23 33	0 53	18 55
15	1 57	6 22	5 34	0 N 03	16 11	15 54	0 17	23 33	23 32	0 53	18 57
17	1 48	4 45	3 55	0 S 05	15 35	15 17	0 19	23 31	23 30	0 53	18 59
19	1 37	3 04	2 11	0 12	14 57	14 38	0 21	23 28	23 27	0 53	19 00
21	1 25	1 S 18	0 S 24	0 18	14 18	13 58	0 24	23 25	23 23	0 53	19 02
23	1 10	0 N 30	1 N 26	0 25	13 37	13 16	0 26	23 21	23 19	0 53	19 03
25	0 53	2 22	3 18	0 31	12 54	12 32	0 29	23 17	23 14	0 53	19 04
27	0 34	4 15	5 12	0 37	12 10	11 47	0 32	23 12	23 09	0 53	19 05
29	0 S 13	6 09	7 N 05	0 43	11 24	11 S 01	0 35	23 06	23 S 03	0 53	19 05
31	0 N 09	8 N 01		0 S 49	10 S 38		0 S 37	23 S 00		0 N 52	19 N 06

FIRST QUARTER–Mar.11,07h.15m. (20°♊18′)

FULL MOON–Mar.18,10h.35m. (27°♍25′)

EPHEMERIS]			MARCH 2003														7
D	☿	♀	♂	♃	♄	♅	♆	♇	Lunar Aspects								
M	Long.	Long.	Long.	Long.	Long.	Long.	Long.	Long.	☉	☿	♀	♂	♃	♄	♅	♆	♇
	° ′	° ′	° ′	° ′	° ′	° ′	° ′	° ′									
1	24♒07	28♑47	27♐50	9♌48	22♊11	29♒28	11♒45	19♐49		☌		✱		△			✱
2	25 44	29♑58	28 29	9R 42	22 12	29 32	11 47	19 50			⚺				☌		
3	27 22	1♒09	29 07	9 37	22 13	29 35	11 49	19 51	☌		∠			□		⚺	□
4	29♒01	2 19	29♐45	9 31	22 14	29 39	11 51	19 51		⚺	✱	□	⚼		⚺	∠	
5	0♓42	3 30	0♑23	9 26	22 15	29 42	11 53	19 52	⚺	∠			△		∠	✱	
6	2 23	4 41	1 02	9 20	22 17	29 45	11 55	19 52						✱			△
7	4 05	5 52	1 40	9 15	22 18	29 49	11 57	19 53	∠	✱	□	△	□	∠	✱		⚼
8	5 49	7 03	2 18	9 10	22 19	29 52	11 59	19 53	✱			⚼		⚺		□	
9	7 34	8 14	2 56	9 05	22 21	29 55	12 01	19 54							□		
10	9 19	9 25	3 34	9 01	22 23	29♒59	12 03	19 54		□	△		✱			△	
11	11 06	10 36	4 12	8 56	22 25	0♓02	12 05	19 55	□		⚼		∠	☌		⚼	☍
12	12 54	11 47	4 50	8 52	22 27	0 05	12 07	19 55				☍	⚺		△		
13	14 44	12 59	5 29	8 48	22 29	0 09	12 08	19 55	△	△				⚺	⚼		
14	16 34	14 10	6 07	8 44	22 31	0 12	12 10	19 56		⚼				∠			⚼
15	18 26	15 21	6 45	8 40	22 33	0 15	12 12	19 56	⚼		☍		☌			☍	△
16	20 18	16 33	7 23	8 37	22 36	0 18	12 14	19 56				⚼		✱	☍		
17	22 12	17 44	8 00	8 33	22 38	0 22	12 16	19 56				△	⚺				□
18	24 07	18 56	8 38	8 30	22 41	0 25	12 17	19 57	☍	☍	⚼		∠	□		⚼	
19	26 03	20 07	9 16	8 27	22 43	0 28	12 19	19 57			△	□	✱		⚼	△	✱
20	28 01	21 19	9 54	8 24	22 46	0 31	12 21	19 57						△	△		∠
21	29♓59	22 31	10 32	8 21	22 49	0 34	12 22	19 57	⚼	⚼		✱	□	⚼		□	⚺
22	1♈58	23 42	11 10	8 19	22 52	0 37	12 24	19 57	△	△	□	∠			□		
23	3 58	24 54	11 48	8 17	22 55	0 40	12 26	19R 57				⚺	△			✱	
24	5 59	26 06	12 25	8 14	22 59	0 43	12 27	19 57			✱		⚼	☍	✱	∠	☌
25	8 00	27 18	13 03	8 13	23 02	0 46	12 29	19 57	□	□	∠	☌			∠	⚺	
26	10 02	28 29	13 41	8 11	23 05	0 49	12 30	19 57			⚺						⚺
27	12 04	29♒41	14 18	8 09	23 09	0 52	12 32	19 57	✱				☍	⚼	⚺		∠
28	14 06	0♓53	14 56	8 08	23 12	0 55	12 34	19 57	∠	✱		⚺		△		☌	✱
29	16 08	2 05	15 33	8 07	23 16	0 58	12 35	19 56		∠	☌	∠			☌		
30	18 09	3 17	16 11	8 06	23 20	1 01	12 36	19 56	⚺	⚺		✱				⚺	
31	20♈10	4♓29	16♑48	8♌05	23♊24	1♓04	12♒38	19♐56					⚼	□	⚺	∠	□

D	Saturn		Uranus		Neptune		Pluto	
M	Lat.	Dec.	Lat.	Dec.	Lat.	Dec.	Lat.	Dec.
	° ′	° ′	° ′	° ′	° ′	° ′	° ′	° ′
1	1S06	22N07	0S43	12S19	0N02	17S14	9N20	13S45
3	1 05	22 08	0 43	12 17	0 02	17 13	9 20	13 44
5	1 05	22 08	0 43	12 15	0 02	17 12	9 21	13 44
7	1 04	22 09	0 43	12 12	0 02	17 11	9 21	13 44
9	1 04	22 09	0 43	12 10	0 02	17 10	9 22	13 43
11	1 04	22 10	0 43	12 08	0 02	17 09	9 22	13 43
13	1 03	22 11	0 43	12 05	0 02	17 08	9 23	13 42
15	1 03	22 11	0 43	12 03	0 02	17 07	9 23	13 42
17	1 02	22 12	0 43	12 01	0 02	17 06	9 23	13 42
19	1 02	22 13	0 43	11 59	0 02	17 05	9 24	13 41
21	1 01	22 13	0 43	11 56	0 02	17 04	9 24	13 41
23	1 01	22 14	0 43	11 54	0 02	17 03	9 25	13 40
25	1 01	22 15	0 43	11 52	0 01	17 02	9 25	13 40
27	1 00	22 16	0 43	11 50	0 01	17 01	9 26	13 40
29	1 00	22 16	0 43	11 48	0 01	17 00	9 26	13 39
31	1S00	22N17	0S43	11S46	0N01	17S00	9N26	13S39

Mutual Aspects

2 ☉⚺♆. ♀⚺♅.
4 ☿☌♅. ♂✱♅. ☿∥♇.
5 ☿✱♂. ♀∦♃.
6 ☉±♃. ☿Q♇. ♀∠♇.
7 ☿∥♅.
8 ☉⊥♆. ♀⚼♄.
9 ♂±♃.
10 ☉□♇. ☿⚺♀. ☿∇♃. ♀⊥♂. ♀☍♃.
12 ☿⚺♆. ♀☌♆. ♀∥♆.
13 ☉□♄. ☿±♃.
14 ☉⚼♃. ♂⊥♆.
15 ☿Q♂. ☿⊥♆.
16 ☿□♇. 17 ☿□♄.
18 ☉∠♆. ☿⚼♃. ♂∇♃.
19 ☿⊥♀. ♀✱♇.
20 ☿∠♆.
21 ☉☌☿. ☉⚺♅. ☿⚺♅. ♀△♄.
22 ☉∦☿.
23 ♀∥♇. ♇Stat.
24 ☿⊥♅. ♂⚺♆. ☉∥☿.
25 ☿△♃. 26 ♀∠♂.
27 ☉⊥♅. ☿Q♄. ☿✱♆. ♃∠♄.
28 ♀☌♅. ♀∥♅.
29 ☉△♃. ☿□♂. ☿∠♅. ♀Q♇.
30 ☉⊥♀. ☿∠♀. ♂∠♅.
31 ☿△♇.

LAST QUARTER–Mar.25,01h.51m. (4°♑00′)

NEW MOON–Apr. 1,19h.19m. (11°♈39′)

D M	D W	Sidereal Time	☉ Long.	☉ Dec.	☽ Long.	☽ Lat.	☽ Dec.	☽ Node	24h. ☽ Long.	24h. ☽ Dec.
		h m s	° ′ ″	° ′	° ′ ″	° ′	° ′	° ′	° ′ ″	° ′
1	T	0 37 45	11 ♈ 20 52	4 N29	7 ♈ 59 46	4 S 04	0 S 33	2 ♊ 14	13 ♈ 59 08	2 N06
2	W	0 41 42	12 20 05	4 52	19 56 52	3 19	4 N43	2 11	25 53 11	7 18
3	Th	0 45 38	13 19 17	5 16	1 ♉ 48 18	2 27	9 48	2 08	7 ♉ 42 30	12 13
4	F	0 49 35	14 18 26	5 38	13 36 05	1 28	14 31	2 05	19 29 24	16 41
5	S	0 53 31	15 17 33	6 01	25 22 50	0 S 26	18 42	2 02	1 ♊ 16 50	20 31
6	Su	0 57 28	16 16 38	6 24	7 ♊ 11 53	0 N38	22 08	1 59	13 08 28	23 32
7	M	1 01 25	17 15 41	6 47	19 07 08	1 41	24 41	1 55	25 08 30	25 33
8	T	1 05 21	18 14 41	7 09	1 ♋ 13 08	2 41	26 07	1 52	7 ♋ 21 39	26 22
9	W	1 09 18	19 13 39	7 32	13 34 41	3 34	26 18	1 49	19 52 49	25 53
10	Th	1 13 14	20 12 35	7 54	26 16 38	4 19	25 08	1 46	2 ♌ 46 39	24 01
11	F	1 17 11	21 11 29	8 16	9 ♌ 23 18	4 51	22 35	1 43	16 06 57	20 48
12	S	1 21 07	22 10 20	8 38	22 57 50	5 09	18 43	1 40	29 56 00	16 21
13	Su	1 25 04	23 09 09	9 00	7 ♍ 01 23	5 09	13 43	1 36	14 ♍ 13 40	10 51
14	M	1 29 00	24 07 55	9 22	21 32 23	4 50	7 47	1 33	28 56 49	4 N35
15	T	1 32 57	25 06 40	9 43	6 ♎ 26 05	4 11	1 N17	1 30	13 ♎ 59 08	2 S 04
16	W	1 36 54	26 05 22	10 05	21 34 48	3 13	5 S 25	1 27	29 11 48	8 42
17	Th	1 40 50	27 04 03	10 26	6 ♏ 48 51	2 02	11 52	1 24	14 ♏ 24 41	14 51
18	F	1 44 47	28 02 41	10 47	21 58 06	0 N42	17 35	1 20	29 28 02	20 01
19	S	1 48 43	29 01 18	11 08	6 ♐ 53 34	0 S 39	22 06	1 17	14 ♐ 13 58	23 49
20	Su	1 52 40	29 ♈ 59 53	11 28	21 28 39	1 57	25 06	1 14	28 37 15	25 58
21	M	1 56 36	0 ♉ 58 27	11 49	5 ♑ 39 32	3 05	26 23	1 11	12 ♑ 35 27	26 24
22	T	2 00 33	1 56 59	12 09	19 25 04	4 00	25 59	1 08	26 08 33	25 12
23	W	2 04 29	2 55 29	12 29	2 ♒ 46 11	4 40	24 05	1 05	9 ♒ 18 15	22 39
24	Th	2 08 26	3 53 58	12 49	15 45 09	5 05	20 58	1 01	22 07 17	19 02
25	F	2 12 23	4 52 24	13 09	28 25 03	5 14	16 56	0 58	4 ♓ 38 52	14 40
26	S	2 16 19	5 50 50	13 28	10 ♓ 49 10	5 08	12 16	0 55	16 56 19	9 46
27	Su	2 20 16	6 49 13	13 48	23 00 42	4 49	7 11	0 52	29 02 42	4 S 34
28	M	2 24 12	7 47 35	14 07	5 ♈ 02 39	4 16	1 S 55	0 49	11 ♈ 00 51	0 N44
29	T	2 28 09	8 45 56	14 25	16 57 37	3 33	3 N23	0 46	22 53 14	5 59
30	W	2 32 05	9 ♉ 44 14	14 N44	28 ♈ 47 58	2 S 41	8 N32	0 ♊ 42	4 ♉ 42 05	11 N01

D M	Mercury Lat.	Mercury Dec.		Venus Lat.	Venus Dec.		Mars Lat.	Mars Dec.		Jupiter Lat.	Jupiter Dec.
	° ′	° ′	° ′	° ′	° ′	° ′	° ′	° ′	° ′	° ′	° ′
1	0 N20	8 N56	9 N 51	0 S 52	10 S 14	9 S 49	0 S 39	22 S 57	22 S 53	0 N 52	19 N06
3	0 44	10 44	11 36	0 57	9 25	9 00	0 42	22 50	22 46	0 52	19 06
5	1 07	12 27	13 15	1 02	8 35	8 10	0 45	22 42	22 38	0 52	19 06
7	1 29	14 02	14 46	1 07	7 45	7 19	0 48	22 34	22 29	0 52	19 05
9	1 51	15 28	16 08	1 11	6 53	6 27	0 51	22 25	22 20	0 52	19 05
11	2 10	16 45	17 19	1 15	6 00	5 34	0 54	22 16	22 11	0 52	19 04
13	2 26	17 51	18 20	1 19	5 07	4 40	0 57	22 06	22 01	0 52	19 03
15	2 39	18 46	19 09	1 23	4 13	3 46	1 01	21 56	21 50	0 52	19 02
17	2 49	19 30	19 47	1 26	3 19	2 52	1 04	21 45	21 40	0 51	19 00
19	2 54	20 02	20 14	1 29	2 24	1 57	1 08	21 34	21 28	0 51	18 59
21	2 55	20 22	20 28	1 31	1 29	1 01	1 11	21 22	21 16	0 51	18 57
23	2 51	20 31	20 31	1 34	0 S 33	0 S 06	1 15	21 10	21 04	0 51	18 55
25	2 42	20 28	20 23	1 36	0 N22	0 N50	1 19	20 58	20 52	0 51	18 53
27	2 27	20 15	20 04	1 37	1 18	1 46	1 22	20 45	20 39	0 51	18 51
29	2 08	19 50	19 N 34	1 39	2 14	2 N42	1 26	20 32	20 S 26	0 51	18 49
31	1 N43	19 N15		1 S 40	3 N10		1 S 30	20 S 19		0 N 50	18 N46

FIRST QUARTER–Apr. 9,23h.40m. (19°♋42′)

FULL MOON – Apr.16,19h.36m. (26°♎24′)

D M	☿ Long.	♀ Long.	♂ Long.	♃ Long.	♄ Long.	♅ Long.	♆ Long.	♇ Long.
	° ′	° ′	° ′	° ′	° ′	° ′	° ′	° ′
1	22♈09	5♓41	17♑26	8♌04	23♊28	1♓07	12♒39	19♐56
2	24 07	6 53	18 03	8R 04	23 32	1 10	12 41	19R 55
3	26 03	8 05	18 40	8 04	23 36	1 13	12 42	19 55
4	27 57	9 18	19 18	8D 04	23 40	1 15	12 43	19 54
5	29♈48	10 30	19 55	8 04	23 44	1 18	12 45	19 54
6	1♉36	11 42	20 32	8 04	23 49	1 21	12 46	19 54
7	3 21	12 54	21 09	8 05	23 53	1 23	12 47	19 53
8	5 02	14 06	21 46	8 05	23 58	1 26	12 48	19 53
9	6 38	15 19	22 23	8 06	24 03	1 29	12 50	19 52
10	8 11	16 31	23 00	8 08	24 07	1 31	12 51	19 52
11	9 39	17 43	23 37	8 09	24 12	1 34	12 52	19 51
12	11 01	18 55	24 14	8 10	24 17	1 36	12 53	19 50
13	12 19	20 08	24 51	8 12	24 22	1 39	12 54	19 50
14	13 32	21 20	25 27	8 14	24 27	1 41	12 55	19 49
15	14 39	22 32	26 04	8 16	24 32	1 43	12 56	19 48
16	15 40	23 45	26 40	8 18	24 38	1 46	12 57	19 47
17	16 36	24 57	27 17	8 20	24 43	1 48	12 58	19 47
18	17 26	26 10	27 53	8 23	24 48	1 50	12 59	19 46
19	18 10	27 22	28 30	8 26	24 54	1 53	13 00	19 45
20	18 49	28 35	29 06	8 29	24 59	1 55	13 01	19 44
21	19 21	29♓47	29♑42	8 32	25 05	1 57	13 01	19 43
22	19 47	1♈00	0♒18	8 35	25 10	1 59	13 02	19 42
23	20 07	2 12	0 54	8 39	25 16	2 01	13 03	19 41
24	20 22	3 25	1 30	8 42	25 22	2 03	13 04	19 40
25	20 30	4 37	2 06	8 46	25 28	2 05	13 04	19 39
26	20R 33	5 50	2 42	8 50	25 34	2 07	13 05	19 38
27	20 30	7 02	3 18	8 54	25 40	2 09	13 06	19 37
28	20 22	8 15	3 53	8 58	25 46	2 11	13 06	19 36
29	20 09	9 27	4 29	9 03	25 52	2 13	13 07	19 35
30	19♉51	10♈40	5♒04	9♌07	25♊58	2♓15	13♒07	19♐34

Lunar Aspects

D	☉	☿	♀	♂	♃	♄	♅	♆	♇
1	☌		⚺		△			✱	
2		☌	∠	□		✱	∠		△
3							✱		⚼
4	⚺		✱		□	∠		□	
5	∠	⚺		△		⚺			
6			□	⚼	✱		□	△	
7	✱	∠			∠	☌			☍
8		✱					△	⚼	
9	□		△		⚺		⚼		
10			⚼	☍		⚺			
11		□			☌	∠		☍	⚼
12	△					✱			△
13	⚼	△		⚼	⚺		☍		
14			☍	△	∠	□		⚼	□
15		⚼			✱			△	
16	☍			□		△	⚼		✱
17			⚼		□	⚼	△	□	∠
18		☍	△	✱					⚺
19				∠	△		□	✱	
20	⚼				⚼	☍		∠	☌
21	△	⚼	□	⚺			✱		
22		△					∠	⚺	⚺
23	□		✱	☌	☍		⚺		∠
24		□	∠			⚼		☌	✱
25				⚺		△	☌		
26	✱		⚺					⚺	
27	∠	✱		∠	⚼	□		∠	□
28	⚺	∠	☌	✱	△		⚺		
29		⚺					∠	✱	△
30						✱	✱		⚼

D M	Saturn Lat.	Saturn Dec.	Uranus Lat.	Uranus Dec.	Neptune Lat.	Neptune Dec.	Pluto Lat.	Pluto Dec.
	° ′	° ′	° ′	° ′	° ′	° ′	° ′	° ′
1	0S59	22N17	0S43	11S45	0N01	16S59	9N27	13S38
3	0 59	22 18	0 43	11 43	0 01	16 59	9 27	13 38
5	0 59	22 19	0 43	11 41	0 01	16 58	9 27	13 38
7	0 58	22 20	0 43	11 39	0 01	16 57	9 28	13 37
9	0 58	22 21	0 43	11 38	0 01	16 56	9 28	13 37
11	0 58	22 21	0 43	11 36	0 01	16 56	9 29	13 36
13	0 57	22 22	0 44	11 34	0 01	16 55	9 29	13 36
15	0 57	22 23	0 44	11 32	0 01	16 55	9 29	13 35
17	0 57	22 24	0 44	11 31	0 01	16 54	9 30	13 35
19	0 56	22 24	0 44	11 29	0 01	16 54	9 30	13 34
21	0 56	22 25	0 44	11 28	0 01	16 53	9 30	13 34
23	0 56	22 26	0 44	11 26	0 01	16 53	9 30	13 34
25	0 55	22 27	0 44	11 25	0 01	16 52	9 31	13 33
27	0 55	22 27	0 44	11 24	0 01	16 52	9 31	13 33
29	0 55	22 28	0 44	11 22	0 01	16 52	9 31	13 32
31	0S54	22N29	0S44	11S21	0N01	16S52	9N31	13S32

Mutual Aspects

1 ☉Q♄.
2 ☉✱♆. ☿✱♄. ☿Q♆. ☿⋕♀.
3 ♀▽♃.
4 ☿⋕♅. ♃Stat.
5 ♂⚺♇.
6 ☉∠♅. ☿✱♅. ☿⋕♇.
7 ♀⚺♆.
8 ☿⚼♇. ♀±♃. ☉⋕♀.
10 ☉△♇. ☿□♃. ♂⋕♄.
11 ☿∠♄. ☿⋕♆.
12 ♀⊥♆. ♂▽♄.
13 ☿□♆. ♀□♇.
14 ☉✱♄. ☿Q♅. ☿±♇. ♂⊥♅.
15 ☉Q♆. ♂⊥♇.
16 ♀⚼♃. ☿∥♃.
17 ♀□♄. ♅Q♇.
18 ☉□♂.
20 ☿⊥♄. ♀∠♆. ☉⋕♅.
21 ♀✱♂.
22 ☉✱♅. ☿▽♇.
23 ♀⚺♅. 24 ♂±♄.
25 ☉⚼♇. ♂⚺♅.
26 ☉⚺♀. ☿∠♀. ☉⋕♇. ☿Stat.
28 ♀⊥♅.
29 ☉□♃. ♀△♃. ♂∠♇.
30 ☿⊥♄.

LAST QUARTER – Apr.23,12h.18m. (2°♒56′)

NEW MOON–May 1,12h.15m. (10°♉43′) & May 31,04h.20m. (9°♊20′)

D M	D W	Sidereal Time	☉ Long.	☉ Dec.	☽ Long.	☽ Lat.	☽ Dec.	☽ Node	24h. ☽ Long.	24h. ☽ Dec.
		h m s	° ′ ″	° ′	° ′ ″	° ′	° ′	° ′	° ′ ″	° ′
1	Th	2 36 02	10 ♉ 42 31	15 N02	10 ♉ 35 52	1 S 42	13 N23	0 ♊ 39	16 ♉ 29 34	15 N38
2	F	2 39 58	11 40 46	15 20	22 23 28	0 S 39	17 45	0 36	28 17 49	19 41
3	S	2 43 55	12 39 00	15 38	4 ♊ 12 58	0 N26	21 25	0 33	10 ♊ 09 11	22 57
4	Su	2 47 52	13 37 11	15 56	16 06 51	1 31	24 14	0 30	22 06 18	25 14
5	M	2 51 48	14 35 21	16 13	28 07 55	2 32	25 58	0 26	4 ♋ 12 08	26 23
6	T	2 55 45	15 33 29	16 30	10 ♋ 19 21	3 28	26 29	0 23	16 30 03	26 16
7	W	2 59 41	16 31 35	16 47	22 44 39	4 14	25 42	0 20	29 03 37	24 48
8	Th	3 03 38	17 29 39	17 03	5 ♌ 27 25	4 50	23 35	0 17	11 ♌ 56 29	22 03
9	F	3 07 34	18 27 41	17 19	18 31 11	5 11	20 12	0 14	25 11 53	18 05
10	S	3 11 31	19 25 42	17 35	1 ♍ 58 50	5 17	15 42	0 11	8 ♍ 52 12	13 05
11	Su	3 15 27	20 23 40	17 51	15 52 03	5 04	10 15	0 07	22 58 18	7 15
12	M	3 19 24	21 21 36	18 06	0 ♎ 10 42	4 33	4 N06	0 04	7 ♎ 28 53	0 N52
13	T	3 23 21	22 19 31	18 21	14 52 15	3 43	2 S 26	0 ♊ 01	22 20 04	5 S 43
14	W	3 27 17	23 17 24	18 36	29 51 28	2 37	8 58	29 ♉ 58	7 ♏ 25 24	12 06
15	Th	3 31 14	24 15 15	18 50	15 ♏ 00 45	1 N19	15 04	29 55	22 36 21	17 49
16	F	3 35 10	25 13 05	19 04	0 ♐ 10 59	0 S 04	20 15	29 52	7 ♐ 43 30	22 21
17	S	3 39 07	26 10 53	19 18	15 12 48	1 26	24 03	29 48	22 37 55	25 19
18	Su	3 43 03	27 08 40	19 31	29 57 59	2 42	26 08	29 45	7 ♑ 12 21	26 29
19	M	3 47 00	28 06 26	19 44	14 ♑ 20 29	3 45	26 23	29 42	21 22 03	25 52
20	T	3 50 56	29 ♉ 04 11	19 57	28 16 53	4 32	24 57	29 39	5 ♒ 04 58	23 41
21	W	3 54 53	0 ♊ 01 55	20 09	11 ♒ 46 23	5 03	22 06	29 36	18 21 23	20 16
22	Th	3 58 50	0 59 37	20 22	24 50 18	5 17	18 13	29 32	1 ♓ 13 30	15 59
23	F	4 02 46	1 57 18	20 33	7 ♓ 31 28	5 15	13 36	29 29	13 44 41	11 08
24	S	4 06 43	2 54 59	20 45	19 53 41	4 58	8 34	29 26	25 58 58	5 57
25	Su	4 10 39	3 52 38	20 56	2 ♈ 01 05	4 28	3 S 18	29 23	8 ♈ 00 34	0 S 38
26	M	4 14 36	4 50 16	21 06	13 57 55	3 47	2 N01	29 20	19 53 38	4 N39
27	T	4 18 32	5 47 54	21 16	25 48 10	2 57	7 14	29 17	1 ♉ 41 58	9 45
28	W	4 22 29	6 45 30	21 26	7 ♉ 35 27	1 59	12 10	29 13	13 29 00	14 29
29	Th	4 26 25	7 43 05	21 36	19 22 58	0 S 56	16 41	29 10	25 17 40	18 43
30	F	4 30 22	8 40 39	21 45	1 ♊ 13 27	0 N10	20 34	29 07	7 ♊ 10 34	22 12
31	S	4 34 19	9 ♊ 38 13	21 N54	13 ♊ 09 17	1 N15	23 N37	29 ♉ 04	19 ♊ 09 53	24 N46

D M	Mercury Lat.	Mercury Dec.		Venus Lat.	Venus Dec.		Mars Lat.	Mars Dec.		Jupiter Lat.	Jupiter Dec.
	° ′	° ′	° ′	° ′	° ′	° ′	° ′	° ′	° ′	° ′	° ′
1	1 N43	19 N15	18 N 55	1 S 40	3 N10	3 N38	1 S 30	20 S 19	20 S 12	0 N 50	18 N46
3	1 15	18 33	18 09	1 40	4 06	4 33	1 34	20 05	19 58	0 50	18 43
5	0 43	17 43	17 17	1 41	5 01	5 29	1 39	19 51	19 44	0 50	18 40
7	0 N09	16 50	16 22	1 41	5 56	6 24	1 43	19 37	19 30	0 50	18 37
9	0 S26	15 55	15 28	1 41	6 51	7 18	1 47	19 23	19 16	0 50	18 34
11	1 01	15 01	14 36	1 40	7 45	8 12	1 52	19 08	19 01	0 50	18 30
13	1 33	14 12	13 49	1 40	8 39	9 05	1 56	18 54	18 46	0 50	18 27
15	2 03	13 29	13 10	1 39	9 32	9 58	2 01	18 39	18 31	0 50	18 23
17	2 30	12 53	12 39	1 37	10 24	10 49	2 06	18 24	18 16	0 49	18 19
19	2 52	12 27	12 17	1 36	11 15	11 40	2 10	18 09	18 01	0 49	18 15
21	3 10	12 10	12 05	1 34	12 05	12 30	2 15	17 54	17 46	0 49	18 10
23	3 24	12 03	12 03	1 32	12 54	13 18	2 20	17 39	17 31	0 49	18 06
25	3 34	12 05	12 09	1 29	13 42	14 06	2 26	17 24	17 16	0 49	18 01
27	3 40	12 15	12 24	1 27	14 29	14 52	2 31	17 09	17 01	0 49	17 57
29	3 42	12 34	12 N 47	1 24	15 14	15 N37	2 36	16 54	16 S 46	0 49	17 52
31	3 S41	13 N01		1 S 21	15 N58		2 S 42	16 S 39		0 N 49	17 N47

FIRST QUARTER–May 9,11h.53m. (18°♌27′)

FULL MOON–May 16,03h.36m. (24°♏53′)

D M	☿ Long. ° ′	♀ Long. ° ′	♂ Long. ° ′	♃ Long. ° ′	♄ Long. ° ′	♅ Long. ° ′	♆ Long. ° ′	♇ Long. ° ′	☉	☿	♀	♂	♃	♄	♅	♆	♇
									Lunar Aspects								
1	19♉29	11♈53	5♒40	9♌12	26♊04	2♓17	13♒08	19♐33	☌		⊻	□	□	∠		□	
2	19R 03	13 05	6 15	9 17	26 11	2 18	13 08	19R 32		☌				⊻			
3	18 33	14 18	6 50	9 22	26 17	2 20	13 09	19 31			∠	△	✱		□		
4	18 01	15 31	7 25	9 28	26 23	2 22	13 09	19 30	⊻	⊻	✱					△	☍
5	17 26	16 43	8 00	9 33	26 30	2 23	13 09	19 28	∠	∠		⚼	∠	☌	△	⚼	
6	16 50	17 56	8 34	9 38	26 36	2 25	13 10	19 27	✱				⊻				
7	16 13	19 09	9 09	9 44	26 43	2 26	13 10	19 26		✱	□			⊻	⚼		
8	15 36	20 21	9 43	9 50	26 49	2 28	13 10	19 25				☍	☌	∠			⚼
9	14 59	21 34	10 18	9 56	26 56	2 29	13 11	19 23	□	□	△					☍	△
10	14 23	22 47	10 52	10 02	27 03	2 30	13 11	19 22			⚼			✱	☍		
11	13 49	23 59	11 26	10 09	27 10	2 32	13 11	19 21	△	△			⊻				□
12	13 17	25 12	12 00	10 15	27 16	2 33	13 11	19 19	⚼	⚼		⚼	∠	□		⚼	
13	12 47	26 25	12 34	10 22	27 23	2 34	13 11	19 18				△	✱		⚼	△	✱
14	12 21	27 38	13 08	10 28	27 30	2 35	13 11	19 16			☍			△	△		∠
15	11 59	28♈50	13 41	10 35	27 37	2 37	13 11	19 15		☍		□	□	⚼		□	⊻
16	11 40	0♉03	14 14	10 42	27 44	2 38	13R 11	19 14	●–●						□		
17	11 25	1 16	14 48	10 49	27 51	2 39	13 11	19 12			⚼	✱	△			✱	☌
18	11 15	2 29	15 21	10 57	27 58	2 40	13 11	19 11		⚼	△	∠	⚼	☍	✱	∠	
19	11 09	3 41	15 54	11 04	28 05	2 41	13 11	19 09	⚼	△		⊻			∠	⊻	⊻
20	11D 07	4 54	16 26	11 11	28 12	2 41	13 11	19 08	△						⊻		∠
21	11 11	6 07	16 59	11 19	28 20	2 42	13 11	19 06		□	□	☌	☍	⚼		☌	
22	11 18	7 20	17 31	11 27	28 27	2 43	13 11	19 05						△			✱
23	11 30	8 33	18 04	11 35	28 34	2 44	13 10	19 03	□	✱	✱				☌	⊻	
24	11 47	9 46	18 36	11 43	28 41	2 45	13 10	19 02			∠	⊻					□
25	12 08	10 59	19 07	11 51	28 49	2 45	13 10	19 00	✱	∠		∠	⚼	□	⊻	∠	
26	12 34	12 11	19 39	11 59	28 56	2 46	13 09	18 59		⊻	⊻		△		∠	✱	△
27	13 03	13 24	20 10	12 08	29 03	2 46	13 09	18 57	∠			✱		✱			
28	13 37	14 37	20 42	12 16	29 11	2 47	13 09	18 56	⊻				□		✱	□	⚼
29	14 15	15 50	21 13	12 25	29 18	2 47	13 08	18 54		☌	●	□		∠			
30	14 56	17 03	21 43	12 33	29 26	2 48	13 08	18 53						⊻	□		
31	15♉42	18♉16	22♒14	12♌42	29♊33	2♓48	13♒07	18♐51	●	⊻	⊻		✱			△	☍

D M	Saturn Lat. ° ′	Saturn Dec. ° ′	Uranus Lat. ° ′	Uranus Dec. ° ′	Neptune Lat. ° ′	Neptune Dec. ° ′	Pluto Lat. ° ′	Pluto Dec. ° ′
1	0S54	22N29	0S44	11S21	0N01	16S52	9N31	13S32
3	0 54	22 29	0 44	11 20	0 01	16 51	9 32	13 32
5	0 54	22 30	0 44	11 19	0 01	16 51	9 32	13 31
7	0 53	22 31	0 44	11 18	0 01	16 51	9 32	13 31
9	0 53	22 31	0 44	11 17	0 01	16 51	9 32	13 30
11	0 53	22 32	0 44	11 16	0 01	16 51	9 32	13 30
13	0 53	22 32	0 45	11 15	0 01	16 51	9 32	13 30
15	0 52	22 33	0 45	11 14	0 01	16 51	9 33	13 30
17	0 52	22 33	0 45	11 14	0 01	16 51	9 33	13 29
19	0 52	22 34	0 45	11 13	0 01	16 51	9 33	13 29
21	0 52	22 34	0 45	11 12	0 01	16 51	9 33	13 29
23	0 51	22 35	0 45	11 12	0 01	16 51	9 33	13 28
25	0 51	22 35	0 45	11 12	0 01	16 51	9 33	13 28
27	0 51	22 35	0 45	11 11	0 01	16 51	9 33	13 28
29	0 51	22 36	0 45	11 11	0 01	16 52	9 33	13 28
31	0S50	22N36	0S45	11S11	0N01	16S52	9N33	13S28

Mutual Aspects

1 ☉∠♄. ☿▽♇.
2 ☿⊥♀. ♀✱♆.
3 ♀Q♄. ☿∥♃.
4 ☉□♆. ☉±♇.
5 ☉Q♅. ☿⊻♀.
6 ♀∠♅.
7 ☉☌☿. ♀△♇. ☉∥☿. ☉#♆. ☿#♆.
8 ♂☍♃.
10 ☉▽♇. ☿Q♅. ♀Q♂.
12 ☉⊥♄. ☿□♆. ☿±♇. ♀Q♆.
13 ☿□♂. ♂⚼♄. ☉∥♃.
14 ☿∠♄. ♀✱♄. ♂☌♆. ☉#♂.
15 ☿#♇. 16 ♆Stat.
18 ♀✱♅. ♂#♃.
19 ☉⊻♄. ☿□♃. ♀⚼♇. ♀#♅.
20 ☉Q♃. ♄⚼♆. ☿Stat.
21 ☿∥♀.
24 ☉□♅. ☿□♃. ♀#♇.
25 ♂✱♇. 26 ♀□♃.
27 ☿☌♀. ☿□♆. ☿±♇. ♀□♆. ♀±♇.
28 ♀∠♄. ♀Q♅.
29 ☿∠♄. ♂∥♆.
30 ☿Q♅. 31 ♀▽♇.

LAST QUARTER–May 23,00h.31m. (1°♓30′)

NEW MOON – June29,18h.39m. (7°♋37′)

D M	D W	Sidereal Time	☉ Long.	☉ Dec.	☽ Long.	☽ Lat.	☽ Dec.	☽ Node	24h. ☽ Long.	24h. ☽ Dec.
		h m s	° ′ ″	° ′	° ′ ″	° ′	° ′	° ′	° ′ ″	° ′
1	Su	4 38 15	10 ♊ 35 45	22 N02	25 ♊ 12 34	2 N18	25 N39	29 ♉ 01	1 ♋ 17 35	26 N13
2	M	4 42 12	11 33 16	22 10	7 ♋ 25 10	3 15	26 29	28 57	13 35 32	26 24
3	T	4 46 08	12 30 46	22 18	19 48 55	4 04	26 00	28 54	26 05 32	25 16
4	W	4 50 05	13 28 15	22 25	2 ♌ 25 38	4 42	24 12	28 51	8 ♌ 49 26	22 49
5	Th	4 54 01	14 25 42	22 32	15 17 10	5 07	21 08	28 48	21 49 05	19 10
6	F	4 57 58	15 23 09	22 38	28 25 23	5 16	16 57	28 45	5 ♍ 06 16	14 31
7	S	5 01 54	16 20 34	22 44	11 ♍ 51 53	5 09	11 52	28 42	18 42 24	9 02
8	Su	5 05 51	17 17 58	22 50	25 37 52	4 44	6 N04	28 38	2 ♎ 38 16	3 N00
9	M	5 09 48	18 15 21	22 55	9 ♎ 43 33	4 01	0 S09	28 35	16 53 31	3 S21
10	T	5 13 44	19 12 42	23 00	24 07 53	3 03	6 32	28 32	1 ♏ 26 14	9 39
11	W	5 17 41	20 10 03	23 05	8 ♏ 48 02	1 51	12 40	28 29	16 12 37	15 32
12	Th	5 21 37	21 07 23	23 09	23 39 13	0 N32	18 10	28 26	1 ♐ 06 59	20 32
13	F	5 25 34	22 04 42	23 12	8 ♐ 34 56	0 S50	22 34	28 23	16 02 06	24 12
14	S	5 29 30	23 02 00	23 15	23 27 28	2 09	25 25	28 19	0 ♑ 50 04	26 11
15	Su	5 33 27	23 59 17	23 18	8 ♑ 08 58	3 17	26 28	28 16	15 23 21	26 18
16	M	5 37 23	24 56 34	23 21	22 32 30	4 12	25 42	28 13	29 35 51	24 41
17	T	5 41 20	25 53 51	23 23	6 ♒ 33 00	4 50	23 18	28 10	13 ♒ 23 42	21 37
18	W	5 45 17	26 51 07	23 24	20 07 50	5 10	19 40	28 07	26 45 26	17 30
19	Th	5 49 13	27 48 23	23 25	3 ♓ 16 42	5 13	15 10	28 03	9 ♓ 41 54	12 41
20	F	5 53 10	28 45 38	23 26	16 01 25	5 00	10 07	28 00	22 15 44	7 29
21	S	5 57 06	29 ♊ 42 53	23 26	28 25 22	4 34	4 S49	27 57	4 ♈ 30 53	2 S07
22	Su	6 01 03	0 ♋ 40 08	23 26	10 ♈ 32 53	3 55	0 N34	27 54	16 31 59	3 N14
23	M	6 04 59	1 37 23	23 26	22 28 48	3 07	5 51	27 51	28 23 57	8 24
24	T	6 08 56	2 34 38	23 25	4 ♉ 18 02	2 12	10 53	27 48	10 ♉ 11 37	13 16
25	W	6 12 52	3 31 53	23 24	16 05 17	1 11	15 31	27 44	21 59 33	17 38
26	Th	6 16 49	4 29 07	23 22	27 54 52	0 S07	19 35	27 41	3 ♊ 51 42	21 21
27	F	6 20 46	5 26 22	23 20	9 ♊ 50 27	0 N58	22 53	27 38	15 51 28	24 11
28	S	6 24 42	6 23 36	23 17	21 55 02	2 01	25 12	27 35	28 01 25	25 56
29	Su	6 28 39	7 20 50	23 14	4 ♋ 10 48	2 59	26 21	27 32	10 ♋ 23 23	26 27
30	M	6 32 35	8 ♋ 18 04	23 N11	16 ♋ 39 14	3 N49	26 N12	27 ♉ 29	22 ♋ 58 27	25 N36

D	Mercury			Venus			Mars			Jupiter	
M	Lat.	Dec.		Lat.	Dec.		Lat.	Dec.		Lat.	Dec.
	° ′	° ′	° ′	° ′	° ′	° ′	° ′	° ′	° ′	° ′	° ′
1	3 S39	13 N16	13 N33	1 S19	16 N20	16 N41	2 S45	16 S32	16 S24	0 N49	17 N44
3	3 33	13 52	14 12	1 16	17 01	17 22	2 50	16 17	16 10	0 49	17 39
5	3 24	14 33	14 56	1 12	17 41	18 01	2 56	16 03	15 56	0 49	17 33
7	3 13	15 19	15 43	1 09	18 19	18 38	3 02	15 49	15 42	0 48	17 28
9	2 59	16 09	16 34	1 05	18 56	19 13	3 08	15 35	15 28	0 48	17 22
11	2 43	17 01	17 28	1 01	19 30	19 46	3 14	15 22	15 15	0 48	17 16
13	2 25	17 55	18 23	0 57	20 02	20 18	3 20	15 09	15 02	0 48	17 10
15	2 05	18 50	19 18	0 52	20 32	20 47	3 27	14 56	14 50	0 48	17 04
17	1 44	19 45	20 13	0 48	21 00	21 13	3 33	14 44	14 38	0 48	16 58
19	1 22	20 39	21 05	0 43	21 26	21 38	3 39	14 32	14 27	0 48	16 52
21	0 59	21 30	21 54	0 39	21 49	22 00	3 46	14 21	14 16	0 48	16 45
23	0 36	22 17	22 38	0 34	22 10	22 20	3 53	14 10	14 05	0 48	16 39
25	0 S13	22 58	23 16	0 29	22 29	22 37	4 00	14 00	13 56	0 48	16 32
27	0 N09	23 32	23 45	0 24	22 45	22 51	4 07	13 51	13 47	0 48	16 25
29	0 30	23 57	24 N05	0 19	22 58	23 N03	4 14	13 42	13 S38	0 48	16 18
31	0 N50	24 N11		0 S14	23 N08		4 S21	13 S34		0 N48	16 N11

FIRST QUARTER – June 7,20h.28m. (16°♍41′)

FULL MOON–June14,11h.16m. (23°♐ 00′)

D M	☿ Long.	♀ Long.	♂ Long.	♃ Long.	♄ Long.	♅ Long.	♆ Long.	♇ Long.	☉	☿	♀	♂	♃	♄	♅	♆	♇
	° ′	° ′	° ′	° ′	° ′	° ′	° ′	° ′	Lunar Aspects								
1	16♉31	19♉29	22♒44	12♌51	29♊41	2♓48	13♒07	18♐49				△	∠	☌		⚼	
2	17 24	20 42	23 14	13 00	29 48	2 49	13R 06	18R 48	⚺	∠	∠	⚼	⚺		△		
3	18 20	21 55	23 44	13 09	29♊56	2 49	13 06	18 46		⚹	⚹				⚼		
4	19 19	23 08	24 13	13 19	0♋03	2 49	13 05	18 45	∠					⚺			⚼
5	20 22	24 21	24 43	13 28	0 11	2 49	13 05	18 43	⚹	□			☌	∠		☍	△
6	21 28	25 34	25 11	13 37	0 19	2 49	13 04	18 42			□	☍		⚹	☍		
7	22 38	26 47	25 40	13 47	0 26	2R 49	13 03	18 40	□				⚺				□
8	23 50	28 00	26 09	13 57	0 34	2 49	13 02	18 38		△	△		∠	□		⚼	
9	25 06	29♉13	26 37	14 06	0 42	2 49	13 02	18 37		⚼	⚼	⚼	⚹			△	
10	26 25	0♊26	27 04	14 16	0 49	2 49	13 01	18 35	△			△		△	⚼		⚹
11	27 46	1 39	27 32	14 26	0 57	2 49	13 00	18 34	⚼				□	⚼	△	□	∠
12	29♉11	2 52	27 59	14 36	1 05	2 49	12 59	18 32		☍		□					⚺
13	0♊38	4 05	28 26	14 46	1 12	2 48	12 58	18 30			☍		△		□	⚹	
14	2 09	5 18	28 53	14 57	1 20	2 48	12 58	18 29	☍			⚹	⚼			∠	☌
15	3 42	6 31	29 19	15 07	1 28	2 48	12 57	18 27				∠		☍	⚹	⚺	
16	5 19	7 44	29♒45	15 17	1 36	2 47	12 56	18 26		⚼	⚼				∠		⚺
17	6 58	8 57	0♓10	15 28	1 43	2 47	12 55	18 24	⚼	△	△	⚺			⚺	☌	∠
18	8 40	10 10	0 35	15 38	1 51	2 46	12 54	18 22					☍	⚼			⚹
19	10 25	11 24	1 00	15 49	1 59	2 46	12 53	18 21	△			☌		△	☌		
20	12 12	12 37	1 24	16 00	2 07	2 45	12 52	18 19		□	□					⚺	□
21	14 03	13 50	1 48	16 10	2 15	2 44	12 51	18 18	□			⚺	⚼	□	⚺	∠	
22	15 56	15 03	2 12	16 21	2 22	2 44	12 50	18 16			⚹		△			⚹	
23	17 51	16 16	2 35	16 32	2 30	2 43	12 49	18 15		⚹		∠			∠		△
24	19 49	17 30	2 58	16 43	2 38	2 42	12 47	18 13	⚹	∠	∠	⚹		⚹	⚹		⚼
25	21 49	18 43	3 20	16 54	2 46	2 41	12 46	18 12	∠		⚺		□	∠		□	
26	23 52	19 56	3 42	17 05	2 54	2 40	12 45	18 10		⚺				⚺	□		
27	25 56	21 09	4 03	17 17	3 01	2 40	12 44	18 08	⚺			□				△	
28	28♊02	22 23	4 24	17 28	3 09	2 39	12 43	18 07			☌		⚹			⚼	☍
29	0♋09	23 36	4 44	17 39	3 17	2 38	12 41	18 05	☌	☌		△	∠	☌	△		
30	2♋18	24♊49	5♓04	17♌51	3♋25	2♓37	12♒40	18♐04				⚼	⚺		⚼		

D M	Saturn Lat.	Saturn Dec.	Uranus Lat.	Uranus Dec.	Neptune Lat.	Neptune Dec.	Pluto Lat.	Pluto Dec.
	° ′	° ′	° ′	° ′	° ′	° ′	° ′	° ′
1	0S50	22N36	0S45	11S11	0N01	16S52	9N32	13S28
3	0 50	22 36	0 45	11 11	0 01	16 52	9 32	13 27
5	0 50	22 37	0 45	11 11	0 01	16 53	9 32	13 27
7	0 50	22 37	0 46	11 11	0 01	16 53	9 32	13 27
9	0 49	22 37	0 46	11 11	0 01	16 54	9 32	13 27
11	0 49	22 37	0 46	11 11	0 01	16 54	9 32	13 27
13	0 49	22 37	0 46	11 11	0 01	16 55	9 31	13 27
15	0 49	22 37	0 46	11 12	0 01	16 55	9 31	13 27
17	0 49	22 37	0 46	11 12	0 01	16 56	9 31	13 27
19	0 49	22 37	0 46	11 12	0 01	16 56	9 31	13 27
21	0 48	22 37	0 46	11 13	0 01	16 57	9 30	13 27
23	0 48	22 37	0 46	11 13	0 01	16 58	9 30	13 27
25	0 48	22 37	0 46	11 14	0 01	16 58	9 30	13 27
27	0 48	22 36	0 46	11 15	0N01	16 59	9 29	13 27
29	0 48	22 36	0 46	11 16	0 00	17 00	9 29	13 28
31	0S48	22N36	0S46	11S16	0 00	17S00	9N28	13S28

Mutual Aspects

1 ♀#♂.
2 ☿#♇.
3 ☿∇♇. ♃☍♆. ♀#♆.
4 ☉⚹♃. ☉△♆.
5 ♀□♂. ♀⊥♄. ♀∥♃.
6 ☉∥♄. 7 ♅Stat.
8 ☿#♂.
9 ☉☍♇. ☿⊥♄.
10 ♀⚺♄.
11 ☿□♂. ☿#♆.
12 ♀Q♃. ♀□♅. ☿∥♃.
13 ☿⚺♄. 14 ☿□♅.
15 ☿Q♃.
18 ♂Q♇. ♃#♆.
19 ☉⚼♆.
20 ☿△♆. ♀△♆.
21 ☿☌♀.
22 ☿⚹♃. ☿∥♀.
23 ☉∠♃. ☿☍♇. ♀⚹♃. ♂△♄. ♂☌♅.
24 ☉☌♄. ☉△♅. ♄△♅. ☿∥♄.
25 ☉△♂. ♀☍♇.
26 ☉∥☿. ♀∥♄.
28 ☉±♆. ☿⚼♆.
30 ☿∠♃. ☿△♅.

LAST QUARTER–June21,14h.45m. (29°♓49′)

NEW MOON – July29,06h.53m. (5°♌46′)

D M	D W	Sidereal Time	☉ Long.	☉ Dec.	☽ Long.	☽ Lat.	☽ Dec.	☽ Node	24h. ☽ Long.	24h. ☽ Dec.
		h m s	° ′ ″	° ′	° ′ ″	° ′	° ′	° ′	° ′ ″	° ′
1	T	6 36 32	9 ♋ 15 18	23 N07	29 ♋ 21 03	4 N30	24 N41	27 ♉ 25	5 ♌ 47 04	23 N25
2	W	6 40 28	10 12 32	23 03	12 ♌ 16 28	4 57	21 52	27 22	18 49 13	20 00
3	Th	6 44 25	11 09 45	22 58	25 25 17	5 09	17 53	27 19	2 ♍ 04 38	15 32
4	F	6 48 21	12 06 58	22 53	8 ♍ 47 12	5 04	12 58	27 16	15 32 58	10 14
5	S	6 52 18	13 04 11	22 48	22 21 53	4 43	7 22	27 13	29 13 55	4 N22
6	Su	6 56 15	14 01 23	22 42	6 ♎ 09 03	4 05	1 N18	27 09	13 ♎ 07 12	1 S48
7	M	7 00 11	14 58 35	22 36	20 08 20	3 12	4 S54	27 06	27 12 20	7 59
8	T	7 04 08	15 55 47	22 29	4 ♏ 19 05	2 07	10 58	27 03	11 ♏ 28 22	13 50
9	W	7 08 04	16 52 59	22 22	18 39 57	0 N53	16 32	27 00	25 53 28	19 00
10	Th	7 12 01	17 50 10	22 15	3 ♐ 08 29	0 S25	21 12	26 57	10 ♐ 24 32	23 04
11	F	7 15 57	18 47 22	22 07	17 40 58	1 42	24 33	26 54	24 57 09	25 38
12	S	7 19 54	19 44 34	21 59	2 ♑ 12 20	2 51	26 17	26 50	9 ♑ 25 47	26 28
13	Su	7 23 50	20 41 46	21 51	16 36 43	3 49	26 12	26 47	23 44 23	25 30
14	M	7 27 47	21 38 58	21 42	0 ♒ 48 06	4 32	24 24	26 44	7 ♒ 47 14	22 57
15	T	7 31 44	22 36 10	21 33	14 41 18	4 58	21 10	26 41	21 29 53	19 08
16	W	7 35 40	23 33 23	21 23	28 12 44	5 06	16 52	26 38	4 ♓ 49 43	14 27
17	Th	7 39 37	24 30 36	21 13	11 ♓ 20 50	4 57	11 53	26 35	17 46 14	9 15
18	F	7 43 33	25 27 50	21 03	24 06 09	4 34	6 32	26 31	0 ♈ 20 56	3 S48
19	S	7 47 30	26 25 04	20 52	6 ♈ 31 02	3 59	1 S04	26 28	12 36 58	1 N39
20	Su	7 51 26	27 22 20	20 41	18 39 17	3 13	4 N20	26 25	24 38 38	6 58
21	M	7 55 23	28 19 35	20 30	0 ♉ 35 38	2 19	9 30	26 22	6 ♉ 30 57	11 57
22	T	7 59 19	29 ♋ 16 52	20 18	12 25 16	1 20	14 18	26 19	18 19 15	16 30
23	W	8 03 16	0 ♌ 14 10	20 06	24 13 33	0 S18	18 32	26 15	0 ♊ 08 49	20 24
24	Th	8 07 13	1 11 28	19 54	6 ♊ 05 38	0 N45	22 04	26 12	12 04 35	23 31
25	F	8 11 09	2 08 47	19 41	18 06 11	1 47	24 41	26 09	24 10 53	25 36
26	S	8 15 06	3 06 07	19 28	0 ♋ 19 05	2 45	26 12	26 06	6 ♋ 31 07	26 28
27	Su	8 19 02	4 03 28	19 15	12 47 12	3 36	26 25	26 03	19 07 32	26 01
28	M	8 22 59	5 00 50	19 01	25 32 11	4 18	25 15	26 00	2 ♌ 01 08	24 10
29	T	8 26 55	5 58 13	18 47	8 ♌ 34 17	4 47	22 44	25 56	15 11 30	20 59
30	W	8 30 52	6 55 36	18 33	21 52 32	5 01	18 57	25 53	28 37 06	16 40
31	Th	8 34 48	7 ♌ 53 00	18 N18	5 ♍ 24 52	4 N59	14 N09	25 ♉ 50	12 ♍ 15 30	11 N26

D M	Mercury Lat.	Mercury Dec.		Venus Lat.	Venus Dec.		Mars Lat.	Mars Dec.		Jupiter Lat.	Jupiter Dec.
	° ′	° ′	° ′	° ′	° ′	° ′	° ′	° ′	° ′	° ′	° ′
1	0 N50	24 N11	24 N 15	0 S 14	23 N08	23 N13	4 S 21	13 S 34	13 S 31	0 N 48	16 N11
3	1 07	24 15	24 13	0 10	23 16	23 19	4 28	13 27	13 24	0 48	16 04
5	1 21	24 08	24 00	0 S 05	23 22	23 23	4 35	13 21	13 18	0 48	15 57
7	1 33	23 50	23 37	0 00	23 24	23 24	4 42	13 16	13 13	0 48	15 49
9	1 41	23 21	23 03	0 N 05	23 24	23 23	4 50	13 11	13 09	0 48	15 42
11	1 47	22 43	22 21	0 10	23 21	23 18	4 57	13 07	13 06	0 48	15 34
13	1 50	21 56	21 30	0 15	23 15	23 11	5 04	13 05	13 04	0 48	15 27
15	1 50	21 03	20 33	0 20	23 07	23 01	5 12	13 03	13 02	0 48	15 19
17	1 47	20 02	19 30	0 24	22 55	22 49	5 19	13 02	13 02	0 48	15 11
19	1 42	18 57	18 23	0 29	22 42	22 34	5 26	13 02	13 03	0 48	15 03
21	1 34	17 48	17 12	0 33	22 25	22 16	5 33	13 04	13 05	0 48	14 55
23	1 25	16 36	15 58	0 38	22 06	21 55	5 40	13 06	13 08	0 48	14 47
25	1 14	15 21	14 42	0 42	21 44	21 32	5 47	13 10	13 12	0 48	14 39
27	1 01	14 04	13 25	0 46	21 20	21 06	5 54	13 14	13 17	0 48	14 30
29	0 46	12 46	12 N 07	0 50	20 53	20 N38	6 00	13 19	13 S 22	0 48	14 22
31	0 N30	11 N28		0 N 53	20 N23		6 S 07	13 S 26		0 N 48	14 N13

FIRST QUARTER – July 7,02h.32m. (14°♎36′)

FULL MOON–July13,19h.21m. (20°♑59′)

D M	☿ Long.	♀ Long.	♂ Long.	♃ Long.	♄ Long.	♅ Long.	♆ Long.	♇ Long.	☉	☿	♀	♂	♃	♄	♅	♆	♇
	° ′	° ′	° ′	° ′	° ′	° ′	° ′	° ′									
1	4♋27	26♊03	5♓23	18♌02	3♋33	2♓35	12♒39	18♐03		⚺	⚺			⚺			⚼
2	6 38	27 16	5 42	18 14	3 40	2R 34	12R 38	18R 01	⚺		∠		☌	∠		☍	△
3	8 48	28 29	6 00	18 25	3 48	2 33	12 36	18 00	∠	∠	⚹						
4	10 59	29♊43	6 18	18 37	3 56	2 32	12 35	17 58	⚹	⚹		☍		⚹	☍		
5	13 09	0♋56	6 35	18 49	4 04	2 31	12 34	17 57					⚺			⚼	□
6	15 19	2 10	6 52	19 01	4 11	2 29	12 32	17 55			□		∠	□		△	
7	17 28	3 23	7 08	19 12	4 19	2 28	12 31	17 54	□	□		⚼	⚹		⚼		⚹
8	19 37	4 36	7 23	19 24	4 27	2 27	12 29	17 53			△	△		△	△		∠
9	21 44	5 50	7 38	19 36	4 35	2 25	12 28	17 51	△	△	⚼		□	⚼		□	⚺
10	23 50	7 03	7 52	19 48	4 42	2 24	12 27	17 50	⚼	⚼		□			□		
11	25 55	8 17	8 06	20 00	4 50	2 22	12 25	17 49					△			⚹	☌
12	27 58	9 30	8 18	20 12	4 58	2 21	12 24	17 47				⚹	⚼	☍	⚹	∠	
13	29♋59	10 44	8 31	20 25	5 05	2 19	12 22	17 46	☍		☍	∠			∠	⚺	⚺
14	1♌59	11 58	8 42	20 37	5 13	2 18	12 21	17 45		☍					⚺		∠
15	3 57	13 11	8 53	20 49	5 20	2 16	12 19	17 44				⚺	☍	⚼		☌	⚹
16	5 53	14 25	9 03	21 01	5 28	2 14	12 18	17 42			⚼				☌		
17	7 48	15 38	9 13	21 14	5 36	2 13	12 16	17 41	⚼		△	●		△		⚺	□
18	9 41	16 52	9 22	21 26	5 43	2 11	12 15	17 40	△	⚼						∠	
19	11 32	18 06	9 30	21 38	5 51	2 09	12 13	17 39		△		⚺	⚼	□	⚺	⚹	
20	13 21	19 19	9 37	21 51	5 58	2 07	12 12	17 38			□		△		∠		△
21	15 08	20 33	9 44	22 03	6 05	2 05	12 10	17 37	□			∠		⚹	⚹		⚼
22	16 53	21 47	9 49	22 16	6 13	2 03	12 08	17 35		□		⚹				□	
23	18 37	23 00	9 54	22 28	6 20	2 02	12 07	17 34			⚹		□	∠			
24	20 19	24 14	9 59	22 41	6 28	2 00	12 05	17 33	⚹		∠	□		⚺	□		
25	21 59	25 28	10 02	22 54	6 35	1 58	12 04	17 32	∠	⚹			⚹			△	☍
26	23 37	26 42	10 05	23 06	6 42	1 56	12 02	17 31	⚺		⚺				△	⚼	
27	25 14	27 56	10 07	23 19	6 49	1 54	12 00	17 30		∠		△	∠	☌	⚼		
28	26 48	29♋09	10 08	23 32	6 57	1 52	11 59	17 29		⚺	☌	⚼	⚺				
29	28 21	0♌23	10R 08	23 44	7 04	1 50	11 57	17 28	☌					⚺		☍	⚼
30	29♌52	1 37	10 07	23 57	7 11	1 48	11 56	17 28					☌	∠			△
31	1♍21	2♌51	10♓06	24♌10	7♋18	1♓45	11♒54	17♐27	⚺	☌	⚺	☍		⚹	☍		

D M	Saturn Lat.	Saturn Dec.	Uranus Lat.	Uranus Dec.	Neptune Lat.	Neptune Dec.	Pluto Lat.	Pluto Dec.
	° ′	° ′	° ′	° ′	° ′	° ′	° ′	° ′
1	0S48	22N36	0S46	11S16	0 00	17S00	9N28	13S28
3	0 47	22 36	0 47	11 17	0 00	17 01	9 28	13 28
5	0 47	22 35	0 47	11 18	0 00	17 02	9 28	13 28
7	0 47	22 35	0 47	11 19	0 00	17 03	9 27	13 28
9	0 47	22 35	0 47	11 20	0 00	17 03	9 27	13 29
11	0 47	22 34	0 47	11 21	0 00	17 04	9 26	13 29
13	0 47	22 34	0 47	11 23	0 00	17 05	9 26	13 29
15	0 47	22 33	0 47	11 24	0 00	17 06	9 25	13 30
17	0 47	22 33	0 47	11 25	0 00	17 07	9 24	13 30
19	0 46	22 32	0 47	11 26	0 00	17 08	9 24	13 30
21	0 46	22 32	0 47	11 28	0 00	17 09	9 23	13 31
23	0 46	22 31	0 47	11 29	0 00	17 10	9 23	13 31
25	0 46	22 31	0 47	11 31	0 00	17 10	9 22	13 32
27	0 46	22 30	0 47	11 32	0 00	17 11	9 21	13 32
29	0 46	22 29	0 47	11 34	0 00	17 12	9 21	13 33
31	0S46	22N29	0S47	11S35	0 00	17S13	9N20	13S33

Mutual Aspects

1 ☿☌♄. ♃△♇. ☉∥♀.
2 ☿△♂. ☿±♆. ♀⚼♆.
3 ♂∥♇. 4 ☉⚻♆.
5 ☉☌☿. ☉⊥♃. ☿⊥♃. ☿⚻♆.
6 ♀△♅.
7 ☿⚼♅. ☿⚻♇. ☉∥♄.
8 ☿⚺♃. ♀∠♃. ♀☌♄.
9 ☿⚼♂. ♃∠♄. ☿∥♀.
10 ☉⚼♅. ☉⚻♇. ☿±♇. ♀±♆.
11 ☿±♅. ♀△♂. ☿∥♄.
13 ☉⚺♃. ☉∥☿.
14 ☿±♂. ☿⚻♅. ☿⚼♇. ♀⚻♆.
16 ☉±♇. ☿⚺♄.
17 ☉⚼♂. ♀⊥♃.
18 ☿⚻♂. ♀⚼♅.
19 ☉±♅. ☿⊥♄. ☿☍♆. ♀⚻♇.
20 ♀∥♄.
22 ☿△♇. ♀⚺♃. ♄±♆. ☿#♆.
23 ♀±♇.
25 ☉⚻♅. ☉⚼♇. ☿∠♄. ♀⚼♂. ♀±♅.
26 ☿☌♃. ☿∥♃.
27 ☉±♂.
28 ☿#♂. ☿#♇.
29 ♂Stat.
30 ☉⚺♄. ♀⚻♅.
31 ☿☍♅. ♀⚼♇. ☿#♅.

LAST QUARTER–July21,07h.01m. (28°♈08′)

NEW MOON–Aug.27,17h.26m. (4°♍02′)

D M	D W	Sidereal Time	☉ Long.	☉ Dec.	☽ Long.	☽ Lat.	☽ Dec.	☽ Node	24h. ☽ Long.	24h. ☽ Dec.
		h m s	° ′ ″	° ′	° ′ ″	° ′	° ′	° ′	° ′ ″	° ′
1	F	8 38 45	8 ♌ 50 24	18 N03	19 ♍ 08 39	4 N39	8 N34	25 ♉ 47	26 ♍ 03 59	5 N35
2	S	8 42 42	9 47 49	17 48	3 ♎ 01 09	4 03	2 N31	25 44	9 ♎ 59 53	0 S36
3	Su	8 46 38	10 45 15	17 32	16 59 56	3 12	3 S43	25 41	24 01 05	6 48
4	M	8 50 35	11 42 41	17 16	1 ♏ 03 11	2 09	9 49	25 37	8 ♏ 06 04	12 43
5	T	8 54 31	12 40 08	17 00	15 09 37	0 N58	15 27	25 34	22 13 44	17 59
6	W	8 58 28	13 37 36	16 44	29 18 17	0 S16	20 16	25 31	6 ♐ 23 08	22 15
7	Th	9 02 24	14 35 05	16 27	13 ♐ 28 04	1 30	23 54	25 28	20 32 54	25 11
8	F	9 06 21	15 32 34	16 11	27 37 19	2 38	26 03	25 25	4 ♑ 40 59	26 30
9	S	9 10 17	16 30 04	15 53	11 ♑ 43 30	3 36	26 30	25 21	18 44 26	26 05
10	Su	9 14 14	17 27 35	15 36	25 43 18	4 20	25 16	25 18	2 ♒ 39 36	24 03
11	M	9 18 11	18 25 07	15 18	9 ♒ 32 50	4 49	22 30	25 15	16 22 31	20 38
12	T	9 22 07	19 22 40	15 01	23 08 15	5 00	18 32	25 12	29 49 40	16 12
13	W	9 26 04	20 20 14	14 42	6 ♓ 26 28	4 55	13 43	25 09	12 ♓ 58 29	11 06
14	Th	9 30 00	21 17 50	14 24	19 25 38	4 35	8 24	25 06	25 47 55	5 38
15	F	9 33 57	22 15 27	14 06	2 ♈ 05 27	4 01	2 S51	25 02	8 ♈ 18 30	0 S04
16	S	9 37 53	23 13 05	13 47	14 27 20	3 16	2 N41	24 59	20 32 23	5 N23
17	Su	9 41 50	24 10 44	13 28	26 34 07	2 24	8 01	24 56	2 ♉ 33 03	10 33
18	M	9 45 46	25 08 25	13 09	8 ♉ 29 47	1 25	12 59	24 53	14 24 58	15 18
19	T	9 49 43	26 06 08	12 49	20 19 13	0 S24	17 27	24 50	26 13 15	19 26
20	W	9 53 40	27 03 53	12 29	2 ♊ 07 44	0 N39	21 13	24 46	8 ♊ 03 23	22 48
21	Th	9 57 36	28 01 39	12 10	14 00 52	1 40	24 08	24 43	20 00 49	25 13
22	F	10 01 33	28 59 26	11 50	26 03 54	2 38	26 00	24 40	2 ♋ 10 41	26 29
23	S	10 05 29	29 ♌ 57 16	11 29	8 ♋ 21 40	3 29	26 39	24 37	14 37 18	26 28
24	Su	10 09 26	0 ♍ 55 07	11 09	20 57 58	4 11	25 57	24 34	27 23 54	25 04
25	M	10 13 22	1 53 00	10 48	3 ♌ 55 16	4 42	23 50	24 31	10 ♌ 32 06	22 17
26	T	10 17 19	2 50 54	10 28	17 14 17	4 59	20 24	24 27	24 01 36	18 14
27	W	10 21 15	3 48 50	10 07	0 ♍ 53 43	4 59	15 48	24 24	7 ♍ 50 12	13 09
28	Th	10 25 12	4 46 47	9 46	14 50 29	4 41	10 17	24 21	21 53 58	7 17
29	F	10 29 09	5 44 46	9 24	29 00 01	4 06	4 N10	24 18	6 ♎ 07 57	0 N58
30	S	10 33 05	6 42 46	9 03	13 ♎ 17 07	3 16	2 S14	24 15	20 26 56	5 S26
31	Su	10 37 02	7 ♍ 40 48	8 N41	27 ♎ 36 49	2 N12	8 S34	24 ♉ 12	4 ♏ 46 19	11 S35

D M	Mercury Lat.	Mercury Dec.	Mercury Dec.	Venus Lat.	Venus Dec.	Venus Dec.	Mars Lat.	Mars Dec.	Mars Dec.	Jupiter Lat.	Jupiter Dec.
	° ′	° ′	° ′	° ′	° ′	° ′	° ′	° ′	° ′	° ′	° ′
1	0 N22	10 N49	10 N 10	0 N 55	20 N08	19 N52	6 S 09	13 S 29	13 S 33	0 N 48	14 N09
3	0 N04	9 31	8 52	0 59	19 35	19 18	6 15	13 37	13 41	0 48	14 01
5	0 S14	8 14	7 35	1 02	19 00	18 42	6 20	13 46	13 50	0 48	13 52
7	0 34	6 58	6 20	1 05	18 23	18 04	6 25	13 55	14 00	0 48	13 43
9	0 54	5 44	5 08	1 08	17 44	17 23	6 29	14 05	14 10	0 49	13 35
11	1 15	4 32	3 57	1 11	17 03	16 41	6 33	14 15	14 21	0 49	13 26
13	1 36	3 24	2 51	1 13	16 19	15 57	6 36	14 26	14 32	0 49	13 17
15	1 57	2 19	1 48	1 16	15 35	15 11	6 39	14 37	14 43	0 49	13 08
17	2 19	1 18	0 N 49	1 18	14 48	14 24	6 41	14 49	14 54	0 49	12 59
19	2 40	0 N22	0 S 03	1 19	14 00	13 35	6 42	15 00	15 06	0 49	12 50
21	3 01	0 S27	0 49	1 21	13 10	12 44	6 42	15 11	15 17	0 49	12 41
23	3 21	1 09	1 27	1 22	12 19	11 52	6 42	15 22	15 28	0 49	12 32
25	3 39	1 43	1 57	1 23	11 26	10 59	6 41	15 33	15 38	0 49	12 23
27	3 56	2 07	2 15	1 24	10 32	10 05	6 39	15 43	15 48	0 50	12 14
29	4 10	2 20	2 S 22	1 25	9 37	9 N09	6 36	15 53	15 S 57	0 50	12 05
31	4 S20	2 S20		1 N 25	8 N41		6 S 32	16 S 01		0 N 50	11 N56

FIRST QUARTER–Aug. 5,07h.28m. (12°♏29′)

FULL MOON–Aug.12,04h.48m. (19°♒05′)

D M	☿ Long.	♀ Long.	♂ Long.	♃ Long.	♄ Long.	♅ Long.	♆ Long.	♇ Long.	☉	☿	♀	♂	♃	♄	♅	♆	♇
	° ′	° ′	° ′	° ′	° ′	° ′	° ′	° ′									
1	2♍49	4♌05	10♓04	24♌23	7♋25	1♓43	11♒52	17♐26	∠		∠		⚺				□
2	4 14	5 19	10R 01	24 36	7 32	1R 41	11R 51	17R 25		⚺	✱		∠	□		⚼	
3	5 38	6 33	9 57	24 49	7 39	1 39	11 49	17 24	✱	∠					⚼	△	✱
4	7 00	7 47	9 53	25 01	7 46	1 37	11 47	17 24		✱		⚼	✱	△	△		∠
5	8 20	9 01	9 48	25 14	7 53	1 35	11 46	17 23	□		□	△				□	⚺
6	9 37	10 15	9 42	25 27	8 00	1 32	11 44	17 22					□	⚼	□		
7	10 53	11 29	9 35	25 40	8 07	1 30	11 43	17 21	△	□	△	□				✱	☌
8	12 07	12 43	9 27	25 53	8 14	1 28	11 41	17 21	⚼		⚼		△		✱	∠	
9	13 18	13 57	9 19	26 06	8 20	1 26	11 39	17 20		△		✱	⚼	☍	∠	⚺	⚺
10	14 28	15 11	9 11	26 19	8 27	1 23	11 38	17 20		⚼		∠			⚺		∠
11	15 35	16 25	9 01	26 32	8 34	1 21	11 36	17 19				⚺				☌	
12	16 39	17 39	8 51	26 45	8 40	1 19	11 34	17 18	☍		☍		☍	⚼			✱
13	17 41	18 53	8 40	26 58	8 47	1 16	11 33	17 18				☌		△	☌	⚺	
14	18 40	20 08	8 29	27 11	8 53	1 14	11 31	17 17		☍							□
15	19 37	21 22	8 17	27 24	9 00	1 12	11 30	17 17	⚼		⚼	⚺			⚺	∠	
16	20 31	22 36	8 04	27 37	9 06	1 09	11 28	17 17					⚼	□	∠	✱	△
17	21 21	23 50	7 51	27 51	9 12	1 07	11 26	17 16	△		△	∠	△		✱		⚼
18	22 09	25 04	7 38	28 04	9 19	1 05	11 25	17 16		⚼		✱		✱		□	
19	22 53	26 18	7 24	28 17	9 25	1 02	11 23	17 16		△				∠			
20	23 33	27 33	7 10	28 30	9 31	1 00	11 22	17 15	□		□	□	□		□		
21	24 10	28♌47	6 55	28 43	9 37	0 57	11 20	17 15						⚺		△	☍
22	24 42	0♍01	6 40	28 56	9 43	0 55	11 19	17 15	✱	□	✱		✱		△	⚼	
23	25 11	1 16	6 25	29 09	9 49	0 53	11 17	17 15				△	∠	☌			
24	25 34	2 30	6 09	29 22	9 55	0 50	11 16	17 14	∠	✱	∠	⚼			⚼		
25	25 53	3 44	5 53	29 35	10 01	0 48	11 14	17 14	⚺		⚺		⚺	⚺			⚼
26	26 07	4 59	5 37	29♌48	10 06	0 45	11 13	17 14		∠						☍	△
27	26 16	6 13	5 21	0♍01	10 12	0 43	11 11	17 14	☌	⚺	☌	☍	☌	∠	☍		
28	26 19	7 27	5 05	0 14	10 18	0 41	11 10	17 14						✱			□
29	26R 17	8 42	4 49	0 28	10 23	0 38	11 08	17D 14		☌			⚺			⚼	
30	26 08	9 56	4 33	0 41	10 29	0 36	11 07	17 14	⚺		⚺	⚼	∠	□	⚼	△	✱
31	25♍54	11♍10	4♓17	0♍54	10♋34	0♓33	11♒05	17♐14	∠	⚺	∠	△	✱		△		∠

D M	Saturn Lat.	Saturn Dec.	Uranus Lat.	Uranus Dec.	Neptune Lat.	Neptune Dec.	Pluto Lat.	Pluto Dec.
	° ′	° ′	° ′	° ′	° ′	° ′	° ′	° ′
1	0S46	22N28	0S47	11S36	0 00	17S14	9N20	13S33
3	0 46	22 28	0 47	11 38	0 00	17 15	9 19	13 34
5	0 46	22 27	0 47	11 39	0 00	17 16	9 18	13 35
7	0 45	22 26	0 47	11 41	0 00	17 16	9 18	13 35
9	0 45	22 25	0 47	11 42	0 00	17 17	9 17	13 36
11	0 45	22 25	0 47	11 44	0 00	17 18	9 16	13 36
13	0 45	22 24	0 47	11 46	0 00	17 19	9 15	13 37
15	0 45	22 23	0 47	11 47	0 00	17 20	9 15	13 38
17	0 45	22 22	0 47	11 49	0 00	17 21	9 14	13 38
19	0 45	22 21	0 48	11 51	0 00	17 22	9 13	13 39
21	0 45	22 21	0 48	11 53	0 00	17 23	9 12	13 40
23	0 45	22 20	0 48	11 54	0 00	17 24	9 12	13 41
25	0 45	22 19	0 48	11 56	0 00	17 25	9 11	13 41
27	0 45	22 18	0 48	11 58	0 00	17 25	9 10	13 42
29	0 45	22 17	0 48	11 59	0 00	17 26	9 09	13 43
31	0S45	22N17	0S48	12S01	0 00	17S27	9N08	13S44

Mutual Aspects

1 ♀±♂.
2 ☉∇♂. ♂ ∥ ♇.
4 ☉☍♆. ♀⚺♄. ☉⋕♆.
5 ☿✱♄.
6 ☉⊥♄. ☿☍♂. ♀∇♂. ♂⋕♃.
7 ♀☍♆. 8 ☿∇♆.
9 ♀⊥♄. ♃⋕♇.
10 ☉△♇. ♀⋕♆.
12 ♀△♇.
13 ☿±♆. ☿□♇. ♂△♄.
14 ☉⋕♂. 16 ☉⋕♇.
17 ☉∠♄. ☿Q♄. ♀∠♄. ♀⋕♂.
18 ☉☌♀. 19 ☉∥♃.
20 ♀⋕♇.
21 ♀☌♃.
22 ☉☌♃. ☉⋕♅. ♀∥♃.
23 ♀☍♅.
24 ☉☍♅. ♀⋕♅.
26 ☿⚼♆. ♀☍♂.
28 ☉☍♂. ☿Stat.
29 ♇Stat.
30 ☿⚼♆. ♀✱♄. ♃☍♅. ♃⋕♅.
31 ♀∇♆. ☉∥♀.

LAST QUARTER–Aug.20,00h.48m. (26°♉37′)

NEW MOON–Sep.26,03h.09m. (2°♎38′)

D M	D W	Sidereal Time	☉ Long.	☉ Dec.	☽ Long.	☽ Lat.	☽ Dec.	☽ Node	24h. ☽ Long.	24h. ☽ Dec.
		h m s	° ′ ″	° ′	° ′ ″	° ′	° ′	° ′	° ′ ″	° ′
1	M	10 40 58	8♍38 51	8 N20	11♏55 00	1 N01	14 S27	24♉08	19♏02 34	17 S07
2	T	10 44 55	9 36 55	7 58	26 08 47	0 S14	19 32	24 05	3♐13 27	21 39
3	W	10 48 51	10 35 01	7 36	10♐16 26	1 28	23 27	24 02	17 17 40	24 53
4	Th	10 52 48	11 33 09	7 14	24 17 04	2 36	25 55	23 59	1♑14 34	26 33
5	F	10 56 44	12 31 17	6 52	8♑10 06	3 34	26 45	23 56	15 03 34	26 32
6	S	11 00 41	13 29 28	6 29	21 54 52	4 19	25 55	23 52	28 43 50	24 55
7	Su	11 04 38	14 27 39	6 07	5♒30 20	4 49	23 33	23 49	12♒14 09	21 53
8	M	11 08 34	15 25 52	5 45	18 55 04	5 02	19 56	23 46	25 32 54	17 45
9	T	11 12 31	16 24 07	5 22	2♓07 27	4 59	15 22	23 43	8♓38 30	12 50
10	W	11 16 27	17 22 23	4 59	15 05 56	4 40	10 10	23 40	21 29 38	7 26
11	Th	11 20 24	18 20 41	4 37	27 49 32	4 08	4 S39	23 37	4♈05 39	1 S51
12	F	11 24 20	19 19 01	4 14	10♈18 04	3 24	0 N57	23 33	16 26 56	3 N43
13	S	11 28 17	20 17 23	3 51	22 32 28	2 31	6 26	23 30	28 34 56	9 04
14	Su	11 32 13	21 15 47	3 28	4♉34 43	1 32	11 36	23 27	10♉32 12	14 00
15	M	11 36 10	22 14 13	3 05	16 27 53	0 S30	16 17	23 24	22 22 16	18 23
16	T	11 40 07	23 12 41	2 42	28 15 57	0 N33	20 19	23 21	4♊09 31	22 02
17	W	11 44 03	24 11 12	2 19	10♊03 37	1 35	23 31	23 18	15 58 54	24 46
18	Th	11 48 00	25 09 44	1 55	21 56 03	2 33	25 45	23 14	27 55 44	26 26
19	F	11 51 56	26 08 19	1 32	3♋58 37	3 25	26 48	23 11	10♋05 21	26 51
20	S	11 55 53	27 06 56	1 09	16 16 32	4 09	26 34	23 08	22 32 44	25 57
21	Su	11 59 49	28 05 35	0 46	28 54 27	4 43	24 59	23 05	5♌22 05	23 41
22	M	12 03 46	29♍04 16	0 N22	11♌55 55	5 02	22 03	23 02	18 36 09	20 06
23	T	12 07 42	0♎02 59	0 S01	25 22 48	5 06	17 52	22 58	2♍15 47	15 22
24	W	12 11 39	1 01 45	0 25	9♍14 47	4 53	12 37	22 55	16 19 25	9 41
25	Th	12 15 36	2 00 32	0 48	23 29 04	4 21	6 35	22 52	0♎43 03	3 N22
26	F	12 19 32	2 59 22	1 11	8♎00 32	3 32	0 N04	22 49	15 20 37	3 S15
27	S	12 23 29	3 58 13	1 35	22 42 23	2 28	6 S32	22 46	0♏04 53	9 45
28	Su	12 27 25	4 57 06	1 58	7♏27 14	1 N14	12 50	22 43	14 48 36	15 44
29	M	12 31 22	5 56 02	2 21	22 08 14	0 S05	18 23	22 39	29 25 30	20 45
30	T	12 35 18	6♎54 59	2 S45	6♐39 53	1 S23	22 S47	22♉36	13♐50 59	24 S26

D M	Mercury Lat.	Mercury Dec.		Venus Lat.	Venus Dec.		Mars Lat.	Mars Dec.		Jupiter Lat.	Jupiter Dec.
	° ′	° ′	° ′	° ′	° ′	° ′	° ′	° ′	° ′	° ′	° ′
1	4 S23	2 S15	2 S07	1 N25	8 N13	7 N44	6 S30	16 S05	16 S09	0 N50	11 N51
3	4 26	1 54	1 38	1 25	7 15	6 46	6 26	16 12	16 15	0 50	11 42
5	4 22	1 18	0 S54	1 25	6 17	5 48	6 20	16 18	16 20	0 50	11 33
7	4 11	0 S27	0 N03	1 24	5 18	4 48	6 14	16 23	16 25	0 50	11 24
9	3 52	0 N35	1 10	1 23	4 19	3 49	6 08	16 26	16 27	0 51	11 15
11	3 26	1 46	2 24	1 22	3 19	2 48	6 01	16 28	16 29	0 51	11 06
13	2 53	3 01	3 37	1 20	2 18	1 48	5 53	16 29	16 29	0 51	10 57
15	2 16	4 12	4 45	1 19	1 17	0 N47	5 45	16 28	16 28	0 51	10 48
17	1 36	5 15	5 42	1 17	0 N16	0 S14	5 36	16 27	16 25	0 51	10 38
19	0 57	6 05	6 24	1 15	0 S45	1 16	5 28	16 23	16 21	0 52	10 29
21	0 S20	6 38	6 48	1 12	1 46	2 17	5 19	16 19	16 16	0 52	10 20
23	0 N14	6 54	6 55	1 10	2 47	3 18	5 09	16 13	16 10	0 52	10 11
25	0 43	6 51	6 42	1 07	3 48	4 19	5 00	16 06	16 02	0 52	10 02
27	1 07	6 30	6 13	1 04	4 49	5 19	4 51	15 58	15 53	0 52	9 53
29	1 26	5 53	5 N29	1 01	5 49	6 S19	4 41	15 48	15 S43	0 53	9 45
31	1 N40	5 N02		0 N57	6 S49		4 S32	15 S37		0 N53	9 N36

FIRST QUARTER–Sep. 3,12h.34m. (10°♐ 36′)

FULL MOON–Sep.10,16h.36m. (17°♓34′)

D	☿	♀	♂	♃	♄	♅	♆	♇	Lunar Aspects								
M	Long.	Long.	Long.	Long.	Long.	Long.	Long.	Long.	⊙	☿	♀	♂	♃	♄	♅	♆	♇
	° ′	° ′	° ′	° ′	° ′	° ′	° ′	° ′									
1	25♍33	12♍25	4♓02	1♍07	10♋40	0♓31	11♒04	17♐14	✱	∠	✱			△		□	⚺
2	25R 06	13 39	3R 46	1 20	10 45	0R 29	11R 02	17 14		✱			□	⚼	□		
3	24 33	14 54	3 31	1 33	10 50	0 26	11 01	17 15	□		□	□				✱	☌
4	23 55	16 08	3 16	1 46	10 55	0 24	11 00	17 15		□					✱	∠	
5	23 10	17 23	3 01	1 59	11 00	0 22	10 58	17 15	△			✱	△	☍		⚺	
6	22 21	18 37	2 47	2 12	11 05	0 19	10 57	17 15		△	△	∠	⚼		∠		⚺
7	21 28	19 52	2 33	2 25	11 10	0 17	10 56	17 15	⚼	⚼	⚼	⚺			⚺	☌	∠
8	20 31	21 06	2 20	2 38	11 15	0 15	10 55	17 16									✱
9	19 32	22 21	2 07	2 50	11 20	0 13	10 53	17 16				●	☍	⚼	☌		
10	18 31	23 35	1 55	3 03	11 24	0 10	10 52	17 17	☍	☍				△		⚺	□
11	17 31	24 50	1 43	3 16	11 29	0 08	10 51	17 17			☍	⚺			⚺	∠	
12	16 33	26 04	1 32	3 29	11 33	0 06	10 50	17 17				∠		□	∠	✱	
13	15 37	27 19	1 21	3 42	11 38	0 04	10 48	17 18					⚼				△
14	14 46	28 33	1 11	3 55	11 42	0♓01	10 47	17 18	⚼	⚼		✱	△		✱		⚼
15	14 01	29♍48	1 02	4 07	11 46	29♒59	10 46	17 19		△	⚼			✱		□	
16	13 22	1♎02	0 53	4 20	11 50	29 57	10 45	17 20	△		△	□		∠	□		
17	12 51	2 17	0 45	4 33	11 54	29 55	10 44	17 20		□			□	⚺		△	
18	12 29	3 31	0 38	4 45	11 58	29 53	10 43	17 21	□							⚼	☍
19	12 16	4 46	0 32	4 58	12 02	29 51	10 42	17 22			□	△	✱		△		
20	12D 12	6 01	0 26	5 11	12 06	29 49	10 41	17 22		✱		⚼	∠	☌	⚼		
21	12 18	7 15	0 21	5 23	12 10	29 47	10 40	17 23	✱	∠							⚼
22	12 34	8 30	0 17	5 36	12 13	29 45	10 39	17 24	∠	⚺	✱		⚺	⚺		☍	△
23	13 00	9 44	0 13	5 48	12 17	29 43	10 38	17 25	⚺		∠	☍		∠	☍		
24	13 34	10 59	0 10	6 01	12 20	29 41	10 37	17 25		☌	⚺		☌	✱			
25	14 18	12 14	0 08	6 13	12 24	29 39	10 36	17 26								⚼	□
26	15 10	13 28	0 07	6 25	12 27	29 37	10 35	17 27	☌		☌	⚼	⚺	□	⚼	△	
27	16 09	14 43	0D 07	6 38	12 30	29 35	10 35	17 28		⚺			∠		△		✱
28	17 16	15 57	0 08	6 50	12 33	29 33	10 34	17 29	⚺	∠		△	✱	△		□	∠
29	18 29	17 12	0 09	7 02	12 36	29 32	10 33	17 30	∠	✱	⚺			⚼			⚺
30	19♍48	18♎27	0♓11	7♍14	12♋39	29♒30	10♒32	17♐31	✱		∠	□	□		□	✱	

D	Saturn		Uranus		Neptune		Pluto	
M	Lat.	Dec.	Lat.	Dec.	Lat.	Dec.	Lat.	Dec.
	° ′	° ′	° ′	° ′	° ′	° ′	° ′	° ′
1	0S45	22N16	0S48	12S02	0 00	17S27	9N08	13S44
3	0 45	22 15	0 48	12 03	0 00	17 28	9 07	13 45
5	0 45	22 15	0 47	12 05	0 00	17 29	9 06	13 46
7	0 45	22 14	0 47	12 07	0 00	17 30	9 06	13 47
9	0 45	22 13	0 47	12 08	0 00	17 30	9 05	13 47
11	0 45	22 12	0 47	12 10	0 00	17 31	9 04	13 48
13	0 45	22 12	0 47	12 11	0 00	17 32	9 03	13 49
15	0 44	22 11	0 47	12 13	0 00	17 32	9 02	13 50
17	0 44	22 10	0 47	12 14	0 00	17 33	9 02	13 51
19	0 44	22 09	0 47	12 16	0 00	17 34	9 01	13 52
21	0 44	22 09	0 47	12 17	0 00	17 34	9 00	13 53
23	0 44	22 08	0 47	12 19	0 00	17 35	8 59	13 54
25	0 44	22 08	0 47	12 20	0S01	17 35	8 59	13 55
27	0 44	22 07	0 47	12 21	0 01	17 36	8 58	13 55
29	0 44	22 07	0 47	12 22	0 01	17 36	8 57	13 56
31	0S44	22N06	0S47	12S24	0S01	17S37	8N56	13S57

Mutual Aspects

3 ⊙✱♄. ⊙▽♆.
5 ☿Q♄. ♀±♆. ♀□♇. ♄▽♆.
7 ♂☍♃. 8 ☿☌♀.
9 ⊙±♆.
10 ⊙□♇. ♀Q♄.
11 ⊙☌☿. ☿□♇.
12 ☿±♆. ♀⚼♆. ☿॥♀.
14 ⊙॥☿. 15 ♀▽♅.
16 ♀▽♂.
17 ⊙Q♄.
19 ⊙⚼♆. ♀⚺♃. ♀Q♇.
20 ♀±♂. ♀±♅. ⊙#♀. ☿Stat.
23 ⊙▽♂. ⊙▽♅.
24 ♀△♆.
25 ♀⊥♃. ♀□♄.
27 ☿±♆. ♀⚼♂. ♀⚼♅. ♂Stat.
28 ☿□♇.
29 ⊙±♂. ⊙±♅. ⊙Q♇. ♀✱♇. ☿#♀.
30 ⊙⚺♃. ♅Q♇.

LAST QUARTER–Sep.18,19h.03m. (25°♊27′)

NEW MOON–Oct.25,12h.50m. (1°♏41′)

D M	D W	Sidereal Time	☉ Long.	☉ Dec.	☽ Long.	☽ Lat.	☽ Dec.	☽ Node	24h. ☽ Long.	24h. ☽ Dec.
		h m s	° ′ ″	° ′	° ′ ″	° ′	° ′	° ′	° ′ ″	° ′
1	W	12 39 15	7♎53 58	3 S 08	20♐58 30	2 S 34	25 S 42	22 ♉ 33	28♐02 15	26 S 32
2	Th	12 43 11	8 52 59	3 31	5♑02 07	3 35	26 56	22 30	11♑58 04	26 54
3	F	12 47 08	9 52 01	3 55	18 50 07	4 22	26 27	22 27	25 38 18	25 36
4	S	12 51 05	10 51 05	4 18	2♒22 43	4 54	24 24	22 24	9♒03 27	22 52
5	Su	12 55 01	11 50 11	4 41	15 40 35	5 09	21 03	22 20	22 14 14	18 59
6	M	12 58 58	12 49 18	5 04	28 44 28	5 08	16 43	22 17	5♓11 22	14 16
7	T	13 02 54	13 48 28	5 27	11♓35 01	4 51	11 42	22 14	17 55 30	9 01
8	W	13 06 51	14 47 39	5 50	24 12 52	4 20	6 17	22 11	0♈27 12	3 S 29
9	Th	13 10 47	15 46 52	6 13	6♈38 37	3 37	0 S 41	22 08	12 47 12	2 N 06
10	F	13 14 44	16 46 07	6 35	18 53 06	2 45	4 N 51	22 04	24 56 28	7 33
11	S	13 18 40	17 45 24	6 58	0♉57 30	1 46	10 09	22 01	6♉56 25	12 40
12	Su	13 22 37	18 44 43	7 21	12 53 30	0 S 42	15 02	21 58	18 49 05	17 16
13	M	13 26 34	19 44 05	7 43	24 43 25	0 N 22	19 19	21 55	0♊37 00	21 10
14	T	13 30 30	20 43 29	8 06	6♊30 14	1 26	22 49	21 52	12 23 35	24 13
15	W	13 34 27	21 42 55	8 28	18 17 33	2 26	25 21	21 49	24 12 42	26 13
16	Th	13 38 23	22 42 23	8 50	0♋09 36	3 20	26 47	21 45	6♋08 49	27 02
17	F	13 42 20	23 41 53	9 12	12 10 59	4 07	26 59	21 42	18 16 42	26 35
18	S	13 46 16	24 41 26	9 34	24 26 35	4 43	25 52	21 39	0♌41 12	24 49
19	Su	13 50 13	25 41 01	9 56	7♌01 08	5 06	23 27	21 36	13 26 52	21 46
20	M	13 54 09	26 40 39	10 17	19 58 51	5 15	19 48	21 33	26 37 26	17 33
21	T	13 58 06	27 40 18	10 39	3♍22 50	5 07	15 02	21 30	10♍15 09	12 18
22	W	14 02 03	28 40 00	11 00	17 14 22	4 42	9 22	21 26	24 20 14	6 N 16
23	Th	14 05 59	29♎39 44	11 21	1♎32 22	3 58	3 N 02	21 23	8♎50 12	0 S 17
24	F	14 09 56	0♏39 30	11 42	16 13 01	2 58	3 S 38	21 20	23 39 55	6 58
25	S	14 13 52	1 39 18	12 03	1♏09 54	1 45	10 15	21 17	8♏41 51	13 23
26	Su	14 17 49	2 39 08	12 24	16 14 39	0 N 23	16 19	21 14	23 47 09	19 01
27	M	14 21 45	3 39 01	12 44	1♐18 16	1 S 00	21 24	21 10	8♐46 58	23 25
28	T	14 25 42	4 38 55	13 04	16 12 20	2 18	25 01	21 07	23 33 38	26 10
29	W	14 29 38	5 38 50	13 24	0♑50 13	3 26	26 52	21 04	8♑01 36	27 06
30	Th	14 33 35	6 38 48	13 44	15 07 30	4 19	26 52	21 01	22 07 44	26 13
31	F	14 37 32	7♏38 47	14 S 04	29♑02 13	4 S 55	25 S 10	20 ♉ 58	5♒51 01	23 S 46

D M	Mercury Lat.	Mercury Dec.	Mercury Dec.	Venus Lat.	Venus Dec.	Venus Dec.	Mars Lat.	Mars Dec.	Mars Dec.	Jupiter Lat.	Jupiter Dec.
	° ′	° ′	° ′	° ′	° ′	° ′	° ′	° ′	° ′	° ′	° ′
1	1 N 40	5 N 02	4 N 32	0 N 57	6 S 49	7 S 19	4 S 32	15 S 37	15 S 31	0 N 53	9 N 36
3	1 49	3 59	3 24	0 54	7 48	8 18	4 22	15 25	15 19	0 53	9 27
5	1 54	2 47	2 08	0 50	8 47	9 16	4 13	15 12	15 05	0 53	9 18
7	1 56	1 28	0 N 47	0 46	9 45	10 13	4 03	14 58	14 51	0 54	9 10
9	1 54	0 N 05	0 S 38	0 42	10 42	11 10	3 54	14 43	14 36	0 54	9 01
11	1 49	1 S 22	2 06	0 37	11 38	12 05	3 45	14 28	14 19	0 54	8 53
13	1 43	2 50	3 35	0 33	12 33	13 00	3 36	14 11	14 02	0 55	8 44
15	1 34	4 20	5 04	0 28	13 26	13 53	3 27	13 53	13 44	0 55	8 36
17	1 25	5 49	6 33	0 23	14 19	14 45	3 18	13 35	13 25	0 55	8 28
19	1 14	7 17	8 00	0 19	15 10	15 35	3 10	13 16	13 06	0 56	8 20
21	1 02	8 43	9 26	0 14	15 59	16 24	3 01	12 56	12 45	0 56	8 12
23	0 49	10 08	10 49	0 09	16 47	17 11	2 53	12 35	12 25	0 56	8 04
25	0 36	11 30	12 10	0 N 04	17 34	17 56	2 45	12 14	12 03	0 57	7 56
27	0 23	12 50	13 29	0 S 01	18 18	18 40	2 37	11 52	11 41	0 57	7 49
29	0 N 10	14 07	14 S 44	0 07	19 00	19 S 21	2 30	11 29	11 S 18	0 57	7 41
31	0 S 04	15 S 21		0 S 12	19 S 41		2 S 22	11 S 06		0 N 58	7 N 34

FIRST QUARTER–Oct. 2,19h.09m. (9°♑11′)

FULL MOON–Oct.10,07h.27m. (16°♈35′)

EPHEMERIS]					OCTOBER 2003												21
D	☿	♀	♂	♃	♄	♅	♆	♇	Lunar Aspects								
M	Long.	Long.	Long.	Long.	Long.	Long.	Long.	Long.	☉	☿	♀	♂	♃	♄	♅	♆	♇
	° ′	° ′	° ′	° ′	° ′	° ′	° ′	° ′									
1	21♍11	19♎41	0♓14	7♍27	12♋41	29♒28	10♒32	17♐32		□	✱					∠	☌
2	22 39	20 56	0 18	7 39	12 44	29R 26	10R 31	17 33	□			✱	△		✱	⊻	
3	24 11	22 11	0 23	7 51	12 46	29 25	10 30	17 34		△	□	∠	⚼	☍	∠		⊻
4	25 46	23 25	0 28	8 03	12 49	29 23	10 30	17 35				⊻			⊻		∠
5	27 24	24 40	0 34	8 15	12 51	29 22	10 29	17 37	△	⚼						☌	✱
6	29♍03	25 55	0 41	8 26	12 53	29 20	10 28	17 38	⚼		△	●		⚼	☌		
7	0♎45	27 09	0 49	8 38	12 55	29 19	10 28	17 39			⚼		☍	△		⊻	□
8	2 27	28 24	0 57	8 50	12 57	29 17	10 27	17 40							⊻	∠	
9	4 11	29♎38	1 06	9 02	12 59	29 16	10 27	17 42		☍		⊻				✱	
10	5 55	0♏53	1 16	9 13	13 01	29 14	10 27	17 43	☍			∠	⚼	□	∠		△
11	7 40	2 08	1 26	9 25	13 03	29 13	10 26	17 44			☍	✱			✱		⚼
12	9 25	3 22	1 38	9 36	13 04	29 12	10 26	17 46					△	✱		□	
13	11 10	4 37	1 50	9 48	13 06	29 10	10 25	17 47		⚼				∠	□		
14	12 55	5 52	2 02	9 59	13 07	29 09	10 25	17 48	⚼			□	□			△	
15	14 40	7 06	2 15	10 10	13 08	29 08	10 25	17 50	△	△	⚼			⊻			☍
16	16 24	8 21	2 29	10 21	13 09	29 07	10 25	17 51				△			△	⚼	
17	18 08	9 36	2 44	10 33	13 10	29 06	10 24	17 53			△	⚼	✱	☌	⚼		
18	19 52	10 50	2 59	10 44	13 11	29 05	10 24	17 54	□	□			∠				
19	21 35	12 05	3 15	10 55	13 12	29 04	10 24	17 56			□		⊻	⊻		☍	⚼
20	23 18	13 19	3 31	11 06	13 13	29 03	10 24	17 58		✱							△
21	25 00	14 34	3 48	11 16	13 13	29 02	10 24	17 59	✱			☍		∠	☍		
22	26 41	15 49	4 05	11 27	13 14	29 01	10 24	18 01	∠	∠	✱		☌	✱			□
23	28♎22	17 03	4 23	11 38	13 14	29 00	10D 24	18 02	⊻	⊻	∠					⚼	
24	0♏03	18 18	4 42	11 48	13 14	28 59	10 24	18 04			⊻	⚼	⊻	□	⚼	△	✱
25	1 43	19 33	5 01	11 59	13 14	28 59	10 24	18 06	☌	●		△	∠		△		∠
26	3 22	20 47	5 21	12 09	13R 14	28 58	10 24	18 07			●		✱	△		□	⊻
27	5 01	22 02	5 41	12 20	13 14	28 57	10 24	18 09	⊻	⊻		□		⚼	□		
28	6 39	23 17	6 02	12 30	13 14	28 57	10 24	18 11	∠	∠			□			✱	☌
29	8 17	24 31	6 23	12 40	13 14	28 56	10 25	18 13	✱		⊻	✱			✱	∠	
30	9 54	25 46	6 45	12 50	13 13	28 56	10 25	18 15		✱	∠	∠	△	☍	∠	⊻	⊻
31	11♏31	27♏01	7♓07	13♍00	13♋13	28♒55	10♒25	18♐16			✱		⚼		⊻		∠

D	Saturn		Uranus		Neptune		Pluto	
M	Lat.	Dec.	Lat.	Dec.	Lat.	Dec.	Lat.	Dec.
	° ′	° ′	° ′	° ′	° ′	° ′	° ′	° ′
1	0S44	22N06	0S47	12S24	0S01	17S37	8N56	13S57
3	0 44	22 06	0 47	12 25	0 01	17 37	8 56	13 58
5	0 44	22 05	0 47	12 26	0 01	17 37	8 55	13 59
7	0 44	22 05	0 47	12 27	0 01	17 38	8 54	14 00
9	0 44	22 04	0 47	12 28	0 01	17 38	8 53	14 01
11	0 44	22 04	0 47	12 29	0 01	17 38	8 53	14 02
13	0 44	22 04	0 47	12 30	0 01	17 38	8 52	14 03
15	0 44	22 04	0 47	12 30	0 01	17 38	8 51	14 04
17	0 44	22 03	0 47	12 31	0 01	17 39	8 51	14 05
19	0 44	22 03	0 47	12 32	0 01	17 39	8 50	14 06
21	0 44	22 03	0 46	12 32	0 01	17 39	8 49	14 06
23	0 44	22 03	0 46	12 33	0 01	17 39	8 49	14 07
25	0 44	22 03	0 46	12 33	0 01	17 39	8 48	14 08
27	0 44	22 03	0 46	12 34	0 01	17 39	8 48	14 09
29	0 44	22 03	0 46	12 34	0 01	17 39	8 47	14 10
31	0S44	22N03	0S46	12S34	0S01	17S39	8N46	14S11

Mutual Aspects

3 ☿Q♄. ☉#☿.
4 ☉△♆. ☿⚼♆. ♀∠♃.
6 ☉□♄. ☿▽♅. ♀#♃.
7 ☉⚼♅. ☿▽♂.
8 ☉⊥♃.
9 ☉⚼♂. ♀△♅.
10 ☿±♅. ☿Q♇. ♀△♂.
11 ☉✱♇. ☿±♂. ♀∠♇.
12 ☿⊻♃.
13 ☿△♆. ♀∥♅.
14 ☿□♄. ♂∥♇.
15 ☿⚼♅. ☉#♃.
16 ☿⊥♃. ♃▽♆. ♀∥♂. ♀∥♇.
17 ☿⚼♂. ☿✱♇.
18 ♀✱♃. ♀□♆.
19 ☉∠♃. ♀⊥♇.
20 ♀△♄. ☿#♃.
22 ☉△♅. ☿∠♃.
23 ☿△♅. ♂∥♅. ♆Stat.
24 ♀⊻♇.
25 ☉☌☿. ☉∥♂. ♀∥♆. ♄Stat.
26 ☉∠♇. ☿∠♇. ☉∥♅. ☿∥♂.
27 ☉∥☿. ☿∥♅.
28 ☿△♂.
29 ♀Q♃. ☿∥♇.
30 ☉△♂. ☿□♆.
31 ☿⊥♇. ☉∥♇.

LAST QUARTER–Oct.18,12h.31m. (24°♋43′)

NEW MOON–Nov.23,22h.59m. (1°♐14′)

D M	D W	Sidereal Time	☉ Long.	☉ Dec.	☽ Long.	☽ Lat.	☽ Dec.	☽ Node	24h. ☽ Long.	24h. ☽ Dec.
		h m s	° ′ ″	° ′	° ′ ″	° ′	° ′	° ′	° ′ ″	° ′
1	S	14 41 28	8 ♏ 38 47	14 S 23	12 ♒ 34 16	5 S 14	22 S 03	20 ♉ 55	19 ♒ 12 12	20 S 05
2	Su	14 45 25	9 38 49	14 42	25 45 03	5 16	17 53	20 51	2 ♓ 13 09	15 31
3	M	14 49 21	10 38 53	15 01	8 ♓ 36 49	5 02	13 00	20 48	14 56 22	10 22
4	T	14 53 18	11 38 58	15 20	21 12 10	4 33	7 40	20 45	27 24 32	4 S 55
5	W	14 57 14	12 39 05	15 38	3 ♈ 33 48	3 52	2 S 08	20 42	9 ♈ 40 17	0 N 39
6	Th	15 01 11	13 39 13	15 56	15 44 17	3 01	3 N 24	20 39	21 46 04	6 07
7	F	15 05 07	14 39 23	16 14	27 45 56	2 03	8 46	20 35	3 ♉ 44 09	11 20
8	S	15 09 04	15 39 35	16 32	9 ♉ 40 57	0 S 59	13 46	20 32	15 36 36	16 05
9	Su	15 13 01	16 39 49	16 49	21 31 22	0 N 06	18 15	20 29	27 25 30	20 13
10	M	15 16 57	17 40 04	17 06	3 ♊ 19 17	1 11	21 59	20 26	9 ♊ 13 00	23 31
11	T	15 20 54	18 40 21	17 23	15 06 57	2 13	24 49	20 23	21 01 28	25 50
12	W	15 24 50	19 40 40	17 39	26 56 54	3 09	26 34	20 20	2 ♋ 53 37	26 59
13	Th	15 28 47	20 41 01	17 55	8 ♋ 52 01	3 58	27 06	20 16	14 52 32	26 54
14	F	15 32 43	21 41 24	18 11	20 55 37	4 37	26 22	20 13	27 01 44	25 31
15	S	15 36 40	22 41 49	18 27	3 ♌ 11 22	5 04	24 22	20 10	9 ♌ 25 00	22 54
16	Su	15 40 36	23 42 15	18 42	15 43 09	5 17	21 10	20 07	22 06 17	19 09
17	M	15 44 33	24 42 44	18 57	28 34 53	5 15	16 53	20 04	5 ♍ 09 20	14 23
18	T	15 48 30	25 43 14	19 11	11 ♍ 50 00	4 56	11 41	20 01	18 37 10	8 48
19	W	15 52 26	26 43 46	19 26	25 31 02	4 20	5 N 46	19 57	2 ♎ 31 37	2 N 36
20	Th	15 56 23	27 44 20	19 39	9 ♎ 38 52	3 28	0 S 38	19 54	16 52 30	3 S 55
21	F	16 00 19	28 44 55	19 53	24 12 07	2 21	7 12	19 51	1 ♏ 37 05	10 26
22	S	16 04 16	29 ♏ 45 33	20 06	9 ♏ 06 40	1 N 03	13 32	19 48	16 39 52	16 29
23	Su	16 08 12	0 ♐ 46 11	20 19	24 15 38	0 S 21	19 11	19 45	1 ♐ 52 46	21 34
24	M	16 12 09	1 46 52	20 31	9 ♐ 30 01	1 44	23 35	19 41	17 06 06	25 11
25	T	16 16 05	2 47 34	20 43	24 39 49	2 59	26 18	19 38	2 ♑ 10 01	26 57
26	W	16 20 02	3 48 17	20 55	9 ♑ 35 42	4 00	27 05	19 35	16 56 00	26 44
27	Th	16 23 59	4 49 01	21 06	24 10 15	4 44	25 56	19 32	1 ♒ 17 58	24 44
28	F	16 27 55	5 49 46	21 17	8 ♒ 18 50	5 10	23 10	19 29	15 12 45	21 17
29	S	16 31 52	6 50 33	21 27	21 59 45	5 17	19 10	19 26	28 40 00	16 50
30	Su	16 35 48	7 ♐ 51 20	21 S 37	5 ♓ 13 49	5 S 06	14 S 20	19 ♉ 22	11 ♓ 41 32	11 S 43

D M	Mercury Lat.	Mercury Dec.		Venus Lat.	Venus Dec.		Mars Lat.	Mars Dec.		Jupiter Lat.	Jupiter Dec.
	° ′	° ′	° ′	° ′	° ′	° ′	° ′	° ′	° ′	° ′	° ′
1	0 S 11	15 S 57	16 S 32	0 S 14	20 S 00	20 S 19	2 S 19	10 S 54	10 S 42	0 N 58	7 N 30
3	0 24	17 06	17 39	0 20	20 38	20 55	2 12	10 30	10 18	0 58	7 23
5	0 37	18 11	18 43	0 25	21 12	21 29	2 05	10 06	9 53	0 59	7 16
7	0 50	19 13	19 43	0 30	21 45	22 00	1 58	9 40	9 28	0 59	7 10
9	1 03	20 12	20 39	0 35	22 15	22 29	1 52	9 15	9 02	0 59	7 03
11	1 15	21 06	21 32	0 40	22 43	22 55	1 45	8 49	8 36	1 00	6 57
13	1 26	21 56	22 20	0 45	23 08	23 19	1 39	8 22	8 09	1 00	6 50
15	1 37	22 42	23 03	0 50	23 30	23 40	1 33	7 56	7 42	1 01	6 44
17	1 47	23 23	23 42	0 55	23 49	23 58	1 27	7 28	7 14	1 01	6 38
19	1 56	24 00	24 16	1 00	24 06	24 13	1 22	7 01	6 47	1 02	6 33
21	2 05	24 32	24 46	1 04	24 20	24 25	1 16	6 33	6 19	1 02	6 27
23	2 12	24 58	25 10	1 09	24 30	24 35	1 11	6 04	5 50	1 02	6 22
25	2 18	25 20	25 28	1 13	24 38	24 41	1 06	5 36	5 21	1 03	6 17
27	2 22	25 36	25 42	1 17	24 43	24 45	1 01	5 07	4 52	1 03	6 12
29	2 25	25 46	25 S 49	1 21	24 45	24 S 45	0 56	4 37	4 S 23	1 04	6 08
31	2 S 25	25 S 51		1 S 25	24 S 44		0 S 52	4 S 08		1 N 04	6 N 03

FIRST QUARTER–Nov. 1,04h.25m. (8°♒20′) & Nov.30,17h.16m. (8°♓05′)

FULL MOON–Nov. 9,01h.13m. (16° ♉ 13′)

D M	☿ Long.	♀ Long.	♂ Long.	♃ Long.	♄ Long.	♅ Long.	♆ Long.	♇ Long.
	° ′	° ′	° ′	° ′	° ′	° ′	° ′	° ′
1	13♏07	28♏15	7♓30	13♍10	13♋12	28♒55	10♒26	18♐18
2	14 43	29♏30	7 53	13 19	13R 11	28R 55	10 26	18 20
3	16 18	0♐44	8 17	13 29	13 10	28 54	10 26	18 22
4	17 53	1 59	8 41	13 39	13 09	28 54	10 27	18 24
5	19 27	3 14	9 05	13 48	13 08	28 54	10 27	18 26
6	21 01	4 28	9 30	13 57	13 07	28 54	10 28	18 28
7	22 35	5 43	9 55	14 07	13 06	28 54	10 28	18 30
8	24 08	6 57	10 21	14 16	13 04	28 54	10 29	18 32
9	25 41	8 12	10 47	14 25	13 03	28D 54	10 29	18 34
10	27 14	9 27	11 13	14 34	13 01	28 54	10 30	18 36
11	28♏46	10 41	11 40	14 42	12 59	28 54	10 30	18 38
12	0♐18	11 56	12 07	14 51	12 57	28 54	10 31	18 40
13	1 50	13 10	12 34	14 59	12 55	28 54	10 32	18 42
14	3 21	14 25	13 01	15 08	12 53	28 55	10 33	18 44
15	4 52	15 39	13 29	15 16	12 51	28 55	10 33	18 46
16	6 22	16 54	13 58	15 24	12 49	28 55	10 34	18 48
17	7 53	18 09	14 26	15 32	12 46	28 56	10 35	18 50
18	9 23	19 23	14 55	15 40	12 44	28 56	10 36	18 52
19	10 53	20 38	15 24	15 48	12 41	28 57	10 37	18 55
20	12 22	21 52	15 54	15 56	12 39	28 57	10 38	18 57
21	13 51	23 07	16 24	16 03	12 36	28 58	10 39	18 59
22	15 19	24 21	16 54	16 10	12 33	28 59	10 40	19 01
23	16 47	25 36	17 24	16 18	12 30	28 59	10 41	19 03
24	18 15	26 50	17 54	16 25	12 27	29 00	10 42	19 05
25	19 42	28 05	18 25	16 32	12 24	29 01	10 43	19 08
26	21 09	29♐19	18 56	16 39	12 21	29 02	10 44	19 10
27	22 34	0♑34	19 27	16 45	12 17	29 03	10 45	19 12
28	23 59	1 48	19 59	16 52	12 14	29 04	10 46	19 14
29	25 23	3 03	20 31	16 58	12 10	29 05	10 48	19 16
30	26♐46	4♑17	21♓03	17♍04	12♋07	29♒06	10♒49	19♐19

Lunar Aspects

D	☉	☿	♀	♂	♃	♄	♅	♆	♇
1	□	□		⚺				☌	✱
2			□			⚼	☌		
3	△			☌	☍	△		⚺	
4	⚼	△						∠	□
5		⚼	△	⚺			⚺		
6			⚼			□	∠	✱	△
7				∠	⚼		✱		⚼
8				✱	△	✱		□	
9	☍	☍							
10						∠	□		
11			☍	□	□	⚺		△	☍
12							△	⚼	
13	⚼			△		☌	⚼		
14	△	⚼			✱				
15		△	⚼	⚼	∠				⚼
16			△		⚺	⚺		☍	△
17	□					∠	☍		
18		□		☍	☌	✱			
19	✱		□					⚼	□
20	∠	✱			⚺	□	⚼	△	
21	⚺	∠	✱		∠		△		✱
22		⚺	∠	⚼	✱	△		□	∠
23	☌		⚺	△		⚼	□		⚺
24					□			✱	
25		☌	☌	□			✱	∠	☌
26	⚺				△	☍	∠	⚺	
27	∠	⚺	⚺	✱			⚺		⚺
28	✱	∠		∠	⚼			☌	∠
29		✱	∠	⚺		⚼			✱
30	□		✱				☌	⚺	

D M	Saturn Lat.	Saturn Dec.	Uranus Lat.	Uranus Dec.	Neptune Lat.	Neptune Dec.	Pluto Lat.	Pluto Dec.
	° ′	° ′	° ′	° ′	° ′	° ′	° ′	° ′
1	0S44	22N04	0S46	12S34	0S01	17S39	8N46	14S11
3	0 44	22 04	0 46	12 34	0 01	17 38	8 46	14 12
5	0 44	22 04	0 46	12 35	0 01	17 38	8 45	14 13
7	0 44	22 04	0 46	12 35	0 01	17 38	8 45	14 14
9	0 44	22 05	0 46	12 34	0 01	17 38	8 44	14 15
11	0 44	22 05	0 46	12 34	0 01	17 37	8 44	14 15
13	0 43	22 05	0 46	12 34	0 01	17 37	8 43	14 16
15	0 43	22 06	0 46	12 34	0 01	17 37	8 43	14 17
17	0 43	22 06	0 46	12 33	0 01	17 36	8 42	14 18
19	0 43	22 07	0 45	12 33	0 01	17 36	8 42	14 18
21	0 43	22 08	0 45	12 33	0 01	17 35	8 41	14 19
23	0 43	22 08	0 45	12 32	0 01	17 35	8 41	14 20
25	0 43	22 09	0 45	12 31	0 01	17 34	8 41	14 21
27	0 43	22 10	0 45	12 31	0 01	17 33	8 40	14 21
29	0 43	22 10	0 45	12 30	0 01	17 33	8 40	14 22
31	0S43	22N11	0S45	12S29	0S01	17S32	8N40	14S23

Mutual Aspects

1 ☿✱♃. ☿△♄. ♀⚼♄. ♀Q♆. ♃✱♄.
2 ♀□♅. 3 ☉□♆.
4 ☿⚺♇. ☿∥♆.
5 ☉△♄. ☉⊥♇.
6 ☉✱♃.
8 ♀±♄. ♂⚺♆. ♀♯♄. ♅Stat.
10 ☿Q♃.
11 ☉⚺♇. ☿⚼♄. ☿□♅. ☿Q♆. ♀✱♆.
12 ♀□♂. ☉∥♆.
13 ♀∇♄. ☿♯♄.
14 ♂△♄. 15 ♀□♃.
16 ☿±♄. ♀Q♅.
18 ♀☌♇. 19 ☿✱♆.
20 ☉Q♃. ☉⚼♄. ☿∇♄. ♂☍♃. ☿∥♀.
21 ☉□♅. ☉Q♆. ♂♯♃.
22 ♂⊥♆.
23 ☿□♃. ☿Q♅. ♀∠♆.
24 ☿□♂. 25 ☿☌♇.
26 ♀✱♅. ♂□♇.
27 ♃±♆. 28 ☉±♄.
29 ☿∠♆.
30 ♀⊥♆.

LAST QUARTER–Nov.17,04h.15m. (24° ♌ 23′)

NEW MOON–Dec.23,09h.43m. (1°♑08′)

D M	D W	Sidereal Time	☉ Long.	☉ Dec.	☽ Long.	☽ Lat.	☽ Dec.	☽ Node	24h. ☽ Long.	24h. ☽ Dec.
		h m s	° ′ ″	° ′	° ′ ″	° ′	° ′	° ′	° ′ ″	° ′
1	M	16 39 45	8 ♐ 52 08	21 S 47	18 ♓ 03 39	4 S 40	9 S 01	19 ♉ 19	24 ♓ 20 38	6 S 16
2	T	16 43 41	9 52 57	21 56	0 ♈ 33 01	4 02	3 S 29	19 16	6 ♈ 41 20	0 S 42
3	W	16 47 38	10 53 46	22 05	12 46 08	3 13	2 N 04	19 13	18 47 57	4 N 48
4	Th	16 51 34	11 54 37	22 13	24 47 18	2 17	7 28	19 10	0 ♉ 44 39	10 04
5	F	16 55 31	12 55 29	22 21	6 ♉ 40 29	1 15	12 33	19 07	12 35 12	14 56
6	S	16 59 28	13 56 21	22 28	18 29 14	0 S 11	17 09	19 03	24 22 55	19 13
7	Su	17 03 24	14 57 15	22 35	0 ♊ 16 36	0 N 54	21 05	19 00	6 ♊ 10 34	22 45
8	M	17 07 21	15 58 09	22 42	12 05 07	1 56	24 10	18 57	18 00 29	25 19
9	T	17 11 17	16 59 05	22 48	23 56 54	2 54	26 12	18 54	29 54 37	26 46
10	W	17 15 14	18 00 01	22 54	5 ♋ 53 50	3 44	27 02	18 51	11 ♋ 54 46	26 59
11	Th	17 19 10	19 00 59	22 59	17 57 37	4 25	26 37	18 47	24 02 38	25 55
12	F	17 23 07	20 01 57	23 04	0 ♌ 10 03	4 54	24 54	18 44	6 ♌ 20 08	23 35
13	S	17 27 03	21 02 57	23 08	12 33 07	5 10	21 59	18 41	18 49 21	20 08
14	Su	17 31 00	22 03 57	23 12	25 09 05	5 11	18 01	18 38	1 ♍ 32 42	15 41
15	M	17 34 56	23 04 58	23 16	8 ♍ 00 30	4 57	13 09	18 35	14 32 49	10 27
16	T	17 38 53	24 06 01	23 19	21 10 00	4 27	7 36	18 32	27 52 21	4 N 37
17	W	17 42 50	25 07 04	23 21	4 ♎ 40 08	3 42	1 N 33	18 28	11 ♎ 33 32	1 S 35
18	Th	17 46 46	26 08 08	23 23	18 32 42	2 43	4 S 45	18 25	25 37 39	7 54
19	F	17 50 43	27 09 14	23 25	2 ♏ 48 17	1 32	11 00	18 22	10 ♏ 04 22	13 59
20	S	17 54 39	28 10 20	23 26	17 25 29	0 N 14	16 49	18 19	24 51 03	19 25
21	Su	17 58 36	29 ♐ 11 27	23 26	2 ♐ 20 19	1 S 07	21 43	18 16	9 ♐ 52 22	23 41
22	M	18 02 32	0 ♑ 12 35	23 26	17 26 09	2 24	25 14	18 13	25 00 29	26 19
23	T	18 06 29	1 13 43	23 26	2 ♑ 34 08	3 31	26 55	18 09	10 ♑ 05 52	27 01
24	W	18 10 25	2 14 52	23 25	17 34 27	4 22	26 37	18 06	24 58 46	25 44
25	Th	18 14 22	3 16 01	23 24	2 ♒ 17 51	4 55	24 26	18 03	9 ♒ 30 54	22 45
26	F	18 18 19	4 17 10	23 22	16 37 16	5 09	20 45	18 00	23 36 34	18 30
27	S	18 22 15	5 18 19	23 20	0 ♓ 28 35	5 03	16 02	17 57	7 ♓ 13 18	13 24
28	Su	18 26 12	6 19 28	23 17	13 50 51	4 41	10 41	17 53	20 21 32	7 53
29	M	18 30 08	7 20 38	23 14	26 45 45	4 06	5 S 03	17 50	3 ♈ 04 02	2 S 12
30	T	18 34 05	8 21 47	23 11	9 ♈ 16 57	3 19	0 N 38	17 47	15 25 07	3 N 25
31	W	18 38 01	9 ♑ 22 56	23 S 07	21 ♈ 29 11	2 S 24	6 N 09	17 ♉ 44	27 ♈ 29 50	8 N 48

D M	Mercury Lat.	Mercury Dec.		Venus Lat.	Venus Dec.		Mars Lat.	Mars Dec.		Jupiter Lat.	Jupiter Dec.
	° ′	° ′	° ′	° ′	° ′	° ′	° ′	° ′	° ′	° ′	° ′
1	2 S 25	25 S 51	25 S 51	1 S 25	24 S 44	24 S 42	0 S 52	4 S 08	3 S 53	1 N 04	6 N 03
3	2 24	25 50	25 48	1 28	24 40	24 37	0 47	3 38	3 23	1 05	5 59
5	2 20	25 44	25 39	1 31	24 33	24 28	0 43	3 08	2 53	1 05	5 55
7	2 13	25 32	25 24	1 34	24 23	24 16	0 39	2 38	2 23	1 06	5 52
9	2 02	25 15	25 04	1 37	24 09	24 02	0 34	2 08	1 52	1 06	5 49
11	1 48	24 53	24 40	1 40	23 53	23 44	0 31	1 37	1 22	1 07	5 45
13	1 29	24 27	24 13	1 42	23 35	23 24	0 27	1 06	0 51	1 07	5 43
15	1 05	23 58	23 43	1 44	23 13	23 01	0 23	0 36	0 S 20	1 08	5 40
17	0 36	23 27	23 11	1 46	22 48	22 35	0 19	0 S 05	0 N 11	1 09	5 38
19	0 S 02	22 55	22 38	1 47	22 21	22 07	0 16	0 N 26	0 42	1 09	5 36
21	0 N 36	22 22	22 07	1 49	21 52	21 36	0 12	0 57	1 13	1 10	5 34
23	1 16	21 51	21 36	1 50	21 19	21 02	0 09	1 29	1 44	1 10	5 33
25	1 54	21 22	21 08	1 50	20 45	20 26	0 06	2 00	2 15	1 11	5 32
27	2 27	20 56	20 44	1 50	20 08	19 48	0 S 03	2 31	2 47	1 11	5 31
29	2 51	20 34	20 S 26	1 50	19 28	19 S 08	0 00	3 02	3 N 18	1 12	5 31
31	3 N 06	20 S 20		1 S 50	18 S 47		0 N 03	3 N 34		1 N 12	5 N 30

FIRST QUARTER–Dec.30,10h.03m. (8°♈17′)

FULL MOON–Dec. 8,20h.37m. (16° ♊ 20′)

D M	☿ Long.	♀ Long.	♂ Long.	♃ Long.	♄ Long.	♅ Long.	♆ Long.	♇ Long.
	° ′	° ′	° ′	° ′	° ′	° ′	° ′	° ′
1	28 ♐ 08	5 ♑ 32	21 ♓ 35	17 ♍ 10	12 ♋ 03	29 ♒ 07	10 ♒ 50	19 ♐ 21
2	29 ♐ 28	6 46	22 07	17 16	11R 59	29 08	10 51	19 23
3	0 ♑ 47	8 00	22 40	17 22	11 56	29 10	10 53	19 25
4	2 04	9 15	23 12	17 28	11 52	29 11	10 54	19 28
5	3 19	10 29	23 45	17 33	11 48	29 12	10 55	19 30
6	4 31	11 44	24 18	17 38	11 44	29 14	10 57	19 32
7	5 41	12 58	24 52	17 43	11 40	29 15	10 58	19 35
8	6 47	14 12	25 25	17 48	11 36	29 17	11 00	19 37
9	7 50	15 27	25 59	17 53	11 31	29 18	11 01	19 39
10	8 48	16 41	26 32	17 58	11 27	29 20	11 03	19 41
11	9 41	17 55	27 06	18 02	11 23	29 21	11 04	19 44
12	10 29	19 09	27 40	18 06	11 18	29 23	11 06	19 46
13	11 10	20 24	28 15	18 10	11 14	29 25	11 08	19 48
14	11 44	21 38	28 49	18 14	11 09	29 26	11 09	19 50
15	12 10	22 52	29 23	18 18	11 05	29 28	11 11	19 53
16	12 27	24 06	29 ♓ 58	18 22	11 00	29 30	11 12	19 55
17	12 34	25 20	0 ♈ 33	18 25	10 56	29 32	11 14	19 57
18	12R 30	26 35	1 08	18 28	10 51	29 34	11 16	20 00
19	12 15	27 49	1 43	18 31	10 46	29 36	11 18	20 02
20	11 49	29 ♑ 03	2 18	18 34	10 41	29 38	11 19	20 04
21	11 10	0 ♒ 17	2 53	18 37	10 37	29 40	11 21	20 06
22	10 21	1 31	3 28	18 39	10 32	29 42	11 23	20 09
23	9 21	2 45	4 04	18 42	10 27	29 44	11 25	20 11
24	8 12	3 59	4 40	18 44	10 22	29 46	11 27	20 13
25	6 56	5 13	5 15	18 46	10 17	29 49	11 29	20 15
26	5 36	6 27	5 51	18 47	10 12	29 51	11 30	20 18
27	4 14	7 41	6 27	18 49	10 07	29 53	11 32	20 20
28	2 52	8 55	7 03	18 50	10 02	29 55	11 34	20 22
29	1 34	10 09	7 39	18 51	9 58	29 ♒ 58	11 36	20 24
30	0 ♑ 22	11 22	8 15	18 52	9 53	0 ♓ 00	11 38	20 26
31	29 ♐ 18	12 ♒ 36	8 ♈ 52	18 ♍ 53	9 ♋ 48	0 ♓ 03	11 ♒ 40	20 ♐ 29

D M	Lunar Aspects ☉	☿	♀	♂	♃	♄	♅	♆	♇
1				☌	☍	△			□
2		□					⚺	∠	
3	△		□			□	∠	⚹	
4	⚼			⚺			⚹		△
5		△	△	∠	⚼	⚹		□	⚼
6		⚼			△				
7			⚼	⚹		∠	□		
8	☍				□	⚺		△	
9				□			△	⚼	☍
10		☍				☌			
11			☍		⚹		⚼		
12	⚼			△	∠				⚼
13				⚼	⚺	⚺		☍	
14	△	⚼				∠	☍		△
15		△	⚼			⚹			
16	□		△		☌			⚼	□
17				☍		□		△	
18		□			⚺		⚼		⚹
19	⚹		□		∠		△		∠
20	∠	⚹		⚼	⚹	△		□	⚺
21	⚺	∠	⚹	△		⚼	□		
22		⚺	∠		□			⚹	☌
23	☌	☌	⚺	□			⚹	∠	
24					△	☍	∠	⚺	⚺
25	⚺	⚺	☌	⚹	⚼		⚺		∠
26	∠	∠		∠				☌	⚹
27	⚹	⚹		⚺		⚼	☌		
28			⚺		☍	△		⚺	
29		□	∠				⚺	∠	□
30	□		⚹	☌		□	∠	⚹	
31									△

D M	Saturn Lat.	Saturn Dec.	Uranus Lat.	Uranus Dec.	Neptune Lat.	Neptune Dec.	Pluto Lat.	Pluto Dec.
	° ′	° ′	° ′	° ′	° ′	° ′	° ′	° ′
1	0S43	22N11	0S45	12S29	0S01	17S32	8N40	14S23
3	0 43	22 12	0 45	12 28	0 01	17 31	8 40	14 23
5	0 42	22 13	0 45	12 27	0 01	17 31	8 39	14 24
7	0 42	22 14	0 45	12 26	0 01	17 30	8 39	14 24
9	0 42	22 14	0 45	12 25	0 01	17 29	8 39	14 25
11	0 42	22 15	0 45	12 24	0 01	17 28	8 39	14 25
13	0 42	22 16	0 45	12 22	0 01	17 27	8 38	14 26
15	0 42	22 17	0 45	12 21	0 01	17 27	8 38	14 26
17	0 42	22 18	0 44	12 20	0 01	17 26	8 38	14 27
19	0 41	22 19	0 44	12 18	0 01	17 25	8 38	14 27
21	0 41	22 20	0 44	12 17	0 01	17 24	8 38	14 28
23	0 41	22 21	0 44	12 15	0 01	17 23	8 38	14 28
25	0 41	22 22	0 44	12 14	0 01	17 22	8 38	14 29
27	0 41	22 23	0 44	12 12	0 01	17 21	8 38	14 29
29	0 41	22 24	0 44	12 10	0 02	17 20	8 38	14 29
31	0S40	22N25	0S44	12S09	0S02	17S19	8N38	14S30

Mutual Aspects

2 ☿ ⚹ ♅.
3 ☉ ⚹ ♆.
4 ☉ ⚻ ♄. ☉ # ♄.
5 ♀ ⚺ ♆.
6 ☿ ⊥ ♆. ♀ ☍ ♄.
7 ♀ Q ♂.
8 ♀ ∠ ♅.
9 ☉ Q ♅. ♂ ∠ ♆.
10 ☉ □ ♃.
11 ♀ △ ♃.
12 ☉ ☌ ♇.
13 ☿ ☍ ♄. ☿ ⚺ ♆. ♀ ⚺ ♇.
14 ♄ ⚻ ♆.
15 ♀ ⊥ ♅. ♂ ⚺ ♅. ☉ ∥ ♀.
16 ☉ ⚺ ♀.
17 ☉ ∥ ☿. ☿ Stat.
18 ☉ ∠ ♆. ☿ ⊥ ♇.
19 ♀ # ♄.
20 ♀ ⚺ ♅.
21 ☉ ⚹ ♅. ☿ ⚺ ♆. ☿ # ♄.
22 ☿ ☍ ♄.
24 ♀ ⚼ ♃.
25 ☿ ⚹ ♂. ♀ ∠ ♇.
26 ☿ ⚺ ♀. ☿ □ ♂. ☿ ⊥ ♆. ♂ ⊥ ♅.
27 ☉ ☌ ☿. ☉ ⊥ ♆.
28 ☿ ⊥ ♀.
29 ♀ ⚻ ♄.
30 ☉ □ ♂. ☿ ⚹ ♅. ♀ ☌ ♆.
31 ☉ ☍ ♄. ☿ ± ♃.

LAST QUARTER–Dec.16,17h.42m. (24° ♍ 21′)

JANUARY

D	☉	☽	☽Dec.	☿	♀	♂
	° ′ ″	° ′ ″	° ′	° ′	° ′	′
1	1 01 11	14 02 44	1 10	0 08	0 57	39
2	1 01 11	13 48 49	0 28	0 03	0 57	39
3	1 01 11	13 31 23	1 58	0 14	0 58	39
4	1 01 11	13 11 43	3 11	0 26	0 58	39
5	1 01 11	12 51 23	4 04	0 38	0 59	39
6	1 01 10	12 32 01	4 40	0 49	0 59	39
7	1 01 10	12 15 07	5 01	0 59	1 00	39
8	1 01 09	12 01 52	5 10	1 08	1 00	39
9	1 01 09	11 53 10	5 09	1 14	1 01	39
10	1 01 08	11 49 29	5 00	1 18	1 01	39
11	1 01 08	11 51 04	4 42	1 20	1 01	39
12	1 01 07	11 57 47	4 13	1 19	1 02	39
13	1 01 07	12 09 13	3 33	1 16	1 02	39
14	1 01 06	12 24 38	2 38	1 10	1 03	39
15	1 01 06	12 42 57	1 29	1 03	1 03	39
16	1 01 05	13 02 45	0 08	0 55	1 03	39
17	1 01 04	13 22 24	1 20	0 46	1 04	39
18	1 01 04	13 40 14	2 47	0 37	1 04	39
19	1 01 03	13 54 47	4 03	0 27	1 04	39
20	1 01 03	14 05 05	5 04	0 18	1 04	39
21	1 01 02	14 10 53	5 45	0 09	1 05	39
22	1 01 02	14 12 36	6 07	0 00	1 05	39
23	1 01 01	14 11 08	6 08	0 07	1 05	39
24	1 01 01	14 07 35	5 51	0 15	1 05	39
25	1 01 00	14 02 50	5 14	0 21	1 06	39
26	1 01 00	13 57 25	4 18	0 28	1 06	39
27	1 00 59	13 51 22	3 04	0 33	1 06	39
28	1 00 59	13 44 22	1 36	0 38	1 06	39
29	1 00 58	13 35 53	0 02	0 43	1 07	39
30	1 00 57	13 25 27	1 28	0 47	1 07	39
31	1 00 56	13 12 54	2 47	0 51	1 07	39

FEBRUARY

D	☉	☽	☽Dec.	☿	♀	♂
	° ′ ″	° ′ ″	° ′	° ′	° ′	′
1	1 00 55	12 58 29	3 49	0 54	1 07	39
2	1 00 54	12 42 55	4 32	0 58	1 07	39
3	1 00 53	12 27 17	4 59	1 00	1 08	39
4	1 00 51	12 12 50	5 12	1 03	1 08	39
5	1 00 50	12 00 49	5 14	1 05	1 08	39
6	1 00 49	11 52 22	5 06	1 08	1 08	39
7	1 00 47	11 48 25	4 49	1 10	1 08	39
8	1 00 46	11 49 37	4 23	1 12	1 08	39
9	1 00 44	11 56 19	3 46	1 13	1 08	39
10	1 00 43	12 08 34	2 57	1 15	1 09	39
11	1 00 41	12 25 58	1 54	1 17	1 09	39
12	1 00 39	12 47 40	0 38	1 18	1 09	39
13	1 00 38	13 12 13	0 48	1 20	1 09	39
14	1 00 36	13 37 33	2 17	1 21	1 09	39
15	1 00 35	14 01 12	3 42	1 22	1 09	39
16	1 00 33	14 20 35	4 53	1 23	1 09	38
17	1 00 31	14 33 35	5 46	1 25	1 09	38
18	1 00 30	14 39 08	6 16	1 26	1 10	38
19	1 00 29	14 37 22	6 23	1 27	1 10	38
20	1 00 27	14 29 39	6 08	1 28	1 10	38
21	1 00 26	14 17 55	5 31	1 29	1 10	38
22	1 00 25	14 04 14	4 34	1 30	1 10	38
23	1 00 24	13 50 12	3 20	1 31	1 10	38
24	1 00 22	13 36 50	1 54	1 32	1 10	38
25	1 00 21	13 24 28	0 22	1 33	1 10	38
26	1 00 19	13 12 58	1 07	1 34	1 10	38
27	1 00 18	13 01 55	2 27	1 35	1 10	38
28	1 00 16	12 50 54	3 32	1 36	1 11	38

MARCH

D	☉	☽	☽Dec.	☿	♀	♂
	° ′ ″	° ′ ″	° ′	° ′	° ′	′
1	1 00 14	12 39 35	4 21	1 37	1 11	38
2	1 00 13	12 28 01	4 54	1 38	1 11	38
3	1 00 11	12 16 33	5 12	1 39	1 11	38
4	1 00 09	12 05 48	5 18	1 40	1 11	38
5	1 00 07	11 56 40	5 13	1 41	1 11	38
6	1 00 05	11 50 05	4 58	1 42	1 11	38
7	1 00 03	11 46 59	4 33	1 44	1 11	38
8	1 00 01	11 48 14	3 58	1 45	1 11	38
9	0 59 59	11 54 28	3 12	1 46	1 11	38
10	0 59 56	12 06 08	2 15	1 47	1 11	38
11	0 59 54	12 23 17	1 05	1 48	1 11	38
12	0 59 52	12 45 32	0 15	1 49	1 11	38
13	0 59 50	13 11 51	1 41	1 50	1 11	38
14	0 59 48	13 40 26	3 07	1 52	1 11	38
15	0 59 45	14 08 42	4 26	1 53	1 11	38
16	0 59 43	14 33 35	5 31	1 54	1 11	38
17	0 59 41	14 52 00	6 15	1 55	1 12	38
18	0 59 39	15 01 38	6 36	1 56	1 12	38
19	0 59 37	15 01 41	6 31	1 57	1 12	38
20	0 59 35	14 52 55	6 00	1 58	1 12	38
21	0 59 34	14 37 26	5 05	1 59	1 12	38
22	0 59 32	14 17 55	3 49	2 00	1 12	38
23	0 59 30	13 56 53	2 19	2 01	1 12	38
24	0 59 29	13 36 18	0 43	2 01	1 12	38
25	0 59 27	13 17 20	0 49	2 02	1 12	38
26	0 59 25	13 00 33	2 12	2 02	1 12	38
27	0 59 23	12 45 59	3 19	2 02	1 12	38
28	0 59 21	12 33 24	4 10	2 02	1 12	38
29	0 59 19	12 22 25	4 46	2 01	1 12	38
30	0 59 17	12 12 47	5 08	2 01	1 12	37
31	0 59 15	12 04 19	5 18	1 59	1 12	37

APRIL

D	☉	☽	☽Dec.	☿	♀	♂
	° ′ ″	° ′ ″	° ′	° ′	° ′	′
1	0 59 13	11 57 06	5 17	1 58	1 12	37
2	0 59 11	11 51 26	5 05	1 56	1 12	37
3	0 59 09	11 47 47	4 43	1 54	1 12	37
4	0 59 07	11 46 46	4 10	1 51	1 12	37
5	0 59 05	11 49 02	3 27	1 48	1 12	37
6	0 59 03	11 55 16	2 32	1 45	1 12	37
7	0 59 00	12 05 59	1 26	1 41	1 12	37
8	0 58 58	12 21 33	0 11	1 37	1 12	37
9	0 58 56	12 41 57	1 10	1 32	1 12	37
10	0 58 54	13 06 40	2 33	1 28	1 12	37
11	0 58 51	13 34 32	3 52	1 23	1 12	37
12	0 58 49	14 03 33	5 01	1 18	1 12	37
13	0 58 47	14 31 00	5 55	1 13	1 12	37
14	0 58 44	14 53 42	6 31	1 07	1 12	37
15	0 58 42	15 08 43	6 42	1 02	1 12	37
16	0 58 40	15 14 03	6 27	0 56	1 12	36
17	0 58 39	15 09 15	5 43	0 50	1 12	36
18	0 58 37	14 55 28	4 32	0 44	1 12	36
19	0 58 35	14 35 05	3 00	0 38	1 12	36
20	0 58 34	14 10 53	1 17	0 32	1 12	36
21	0 58 32	13 45 32	0 24	0 26	1 12	36
22	0 58 30	13 21 06	1 54	0 20	1 13	36
23	0 58 29	12 58 59	3 07	0 14	1 13	36
24	0 58 27	12 39 54	4 02	0 09	1 13	36
25	0 58 25	12 24 07	4 40	0 03	1 13	36
26	0 58 24	12 11 33	5 04	0 03	1 13	36
27	0 58 22	12 01 56	5 16	0 08	1 13	36
28	0 58 20	11 54 58	5 18	0 13	1 13	36
29	0 58 19	11 50 21	5 09	0 18	1 13	35
30	0 58 17	11 47 54	4 51	0 22	1 13	35

MAY

D	☉ ° ′ ″	☽ ° ′ ″	☽Dec. ° ′	☿ ° ′	♀ ° ′	♂ ′
1	0 58 15	11 47 35	4 22	0 26	1 13	35
2	0 58 13	11 49 30	3 41	0 30	1 13	35
3	0 58 12	11 53 53	2 48	0 32	1 13	35
4	0 58 10	12 01 04	1 44	0 35	1 13	35
5	0 58 08	12 11 26	0 31	0 36	1 13	35
6	0 58 06	12 25 17	0 47	0 37	1 13	35
7	0 58 04	12 42 47	2 07	0 37	1 13	34
8	0 58 02	13 03 46	3 23	0 37	1 13	34
9	0 58 00	13 27 38	4 31	0 36	1 13	34
10	0 57 58	13 53 13	5 27	0 34	1 13	34
11	0 57 56	14 18 39	6 09	0 32	1 13	34
12	0 57 55	14 41 33	6 32	0 29	1 13	34
13	0 57 53	14 59 13	6 32	0 26	1 13	34
14	0 57 51	15 09 17	6 06	0 23	1 13	34
15	0 57 50	15 10 14	5 11	0 19	1 13	33
16	0 57 48	15 01 49	3 48	0 15	1 13	33
17	0 57 47	14 45 11	2 05	0 10	1 13	33
18	0 57 46	14 22 30	0 15	0 06	1 13	33
19	0 57 45	13 56 24	1 27	0 01	1 13	33
20	0 57 44	13 29 30	2 51	0 03	1 13	33
21	0 57 42	13 03 55	3 53	0 08	1 13	32
22	0 57 41	12 41 10	4 36	0 12	1 13	32
23	0 57 40	12 22 12	5 03	0 17	1 13	32
24	0 57 39	12 07 25	5 16	0 21	1 13	32
25	0 57 38	11 56 50	5 19	0 25	1 13	32
26	0 57 37	11 50 15	5 12	0 30	1 13	31
27	0 57 36	11 47 17	4 57	0 34	1 13	31
28	0 57 35	11 47 30	4 30	0 38	1 13	31
29	0 57 34	11 50 29	3 53	0 42	1 13	31
30	0 57 33	11 55 51	3 03	0 45	1 13	30
31	0 57 32	12 03 16	2 02	0 49	1 13	30

JUNE

D	☉ ° ′ ″	☽ ° ′ ″	☽Dec. ° ′	☿ ° ′	♀ ° ′	♂ ′
1	0 57 31	12 12 36	0 50	0 53	1 13	30
2	0 57 30	12 23 45	0 29	0 56	1 13	30
3	0 57 29	12 36 43	1 48	1 00	1 13	29
4	0 57 28	12 51 33	3 04	1 03	1 13	29
5	0 57 26	13 08 13	4 10	1 06	1 13	29
6	0 57 25	13 26 31	5 06	1 09	1 13	29
7	0 57 24	13 45 58	5 47	1 13	1 13	28
8	0 57 23	14 05 41	6 14	1 16	1 13	28
9	0 57 22	14 24 20	6 22	1 19	1 13	28
10	0 57 21	14 40 09	6 09	1 22	1 13	27
11	0 57 20	14 51 12	5 30	1 25	1 13	27
12	0 57 19	14 55 43	4 23	1 28	1 13	27
13	0 57 18	14 52 32	2 51	1 31	1 13	27
14	0 57 18	14 41 30	1 03	1 33	1 13	26
15	0 57 17	14 23 32	0 47	1 36	1 13	26
16	0 57 17	14 00 31	2 23	1 39	1 13	26
17	0 57 16	13 34 49	3 38	1 42	1 13	25
18	0 57 16	13 08 52	4 30	1 45	1 13	25
19	0 57 15	12 44 44	5 02	1 48	1 13	24
20	0 57 15	12 23 57	5 19	1 50	1 13	24
21	0 57 15	12 07 31	5 23	1 53	1 13	24
22	0 57 15	11 55 55	5 17	1 55	1 13	23
23	0 57 15	11 49 14	5 02	1 58	1 13	23
24	0 57 15	11 47 16	4 38	2 00	1 13	22
25	0 57 15	11 49 35	4 04	2 02	1 13	22
26	0 57 14	11 55 35	3 18	2 04	1 13	21
27	0 57 14	12 04 34	2 19	2 06	1 13	21
28	0 57 14	12 15 47	1 09	2 07	1 13	20
29	0 57 14	12 28 26	0 10	2 09	1 13	20
30	0 57 14	12 41 49	1 31	2 10	1 13	19

JULY

D	☉ ° ′ ″	☽ ° ′ ″	☽Dec. ° ′	☿ ° ′	♀ ° ′	♂ ′
1	0 57 14	12 55 25	2 49	2 10	1 13	19
2	0 57 13	13 08 50	3 58	2 11	1 13	18
3	0 57 13	13 21 55	4 55	2 11	1 13	18
4	0 57 13	13 34 41	5 37	2 10	1 13	17
5	0 57 12	13 47 09	6 03	2 10	1 13	17
6	0 57 12	13 59 17	6 13	2 09	1 13	16
7	0 57 12	14 10 45	6 04	2 08	1 13	15
8	0 57 12	14 20 52	5 34	2 07	1 13	15
9	0 57 12	14 28 33	4 40	2 06	1 13	14
10	0 57 12	14 32 28	3 22	2 05	1 14	14
11	0 57 12	14 31 22	1 43	2 03	1 14	13
12	0 57 12	14 24 22	0 05	2 01	1 14	12
13	0 57 12	14 11 23	1 48	2 00	1 14	12
14	0 57 12	13 53 12	3 14	1 58	1 14	11
15	0 57 13	13 31 26	4 18	1 56	1 14	10
16	0 57 13	13 08 06	4 59	1 55	1 14	10
17	0 57 14	12 45 19	5 21	1 53	1 14	9
18	0 57 14	12 24 53	5 28	1 51	1 14	8
19	0 57 15	12 08 15	5 24	1 49	1 14	7
20	0 57 16	11 56 20	5 10	1 47	1 14	7
21	0 57 17	11 49 38	4 47	1 45	1 14	6
22	0 57 18	11 48 17	4 15	1 44	1 14	5
23	0 57 18	11 52 05	3 32	1 42	1 14	4
24	0 57 19	12 00 33	2 37	1 40	1 14	3
25	0 57 20	12 12 54	1 30	1 38	1 14	3
26	0 57 21	12 28 07	0 13	1 36	1 14	2
27	0 57 22	12 44 58	1 10	1 35	1 14	1
28	0 57 22	13 02 06	2 32	1 33	1 14	0
29	0 57 23	13 18 14	3 46	1 31	1 14	1
30	0 57 24	13 32 20	4 48	1 29	1 14	1
31	0 57 24	13 43 47	5 35	1 27	1 14	2

AUGUST

D	☉ ° ′ ″	☽ ° ′ ″	☽Dec. ° ′	☿ ° ′	♀ ° ′	♂ ′
1	0 57 25	13 52 30	6 03	1 26	1 14	3
2	0 57 26	13 58 47	6 14	1 24	1 14	4
3	0 57 26	14 03 15	6 06	1 22	1 14	4
4	0 57 27	14 06 27	5 38	1 20	1 14	5
5	0 57 28	14 08 40	4 49	1 18	1 14	6
6	0 57 29	14 09 47	3 38	1 16	1 14	7
7	0 57 29	14 09 14	2 09	1 14	1 14	7
8	0 57 30	14 06 12	0 27	1 12	1 14	8
9	0 57 31	13 59 48	1 15	1 09	1 14	9
10	0 57 32	13 49 32	2 46	1 07	1 14	9
11	0 57 33	13 35 26	3 58	1 05	1 14	10
12	0 57 34	13 18 13	4 49	1 02	1 14	11
13	0 57 35	12 59 09	5 19	0 59	1 14	11
14	0 57 37	12 39 50	5 33	0 57	1 14	12
15	0 57 38	12 21 53	5 32	0 54	1 14	12
16	0 57 40	12 06 46	5 20	0 51	1 14	13
17	0 57 41	11 55 41	4 58	0 47	1 14	13
18	0 57 43	11 49 26	4 27	0 44	1 14	14
19	0 57 44	11 48 31	3 47	0 40	1 14	14
20	0 57 46	11 53 07	2 55	0 37	1 14	15
21	0 57 48	12 03 03	1 52	0 33	1 14	15
22	0 57 49	12 17 46	0 39	0 28	1 14	15
23	0 57 51	12 36 18	0 42	0 24	1 14	16
24	0 57 53	12 57 18	2 06	0 19	1 14	16
25	0 57 54	13 19 00	3 26	0 14	1 14	16
26	0 57 56	13 39 27	4 36	0 09	1 14	16
27	0 57 57	13 56 45	5 31	0 03	1 14	16
28	0 57 59	14 09 32	6 08	0 03	1 14	16
29	0 58 00	14 17 07	6 24	0 08	1 14	16
30	0 58 02	14 19 42	6 19	0 15	1 14	16
31	0 58 03	14 18 11	5 53	0 21	1 14	16

SEPTEMBER

D	☉	☽	☽Dec.	☿	♀	♂
	° ′ ″	° ′ ″	° ′	° ′	° ′	′
1	0 58 05	14 13 47	5 05	0 27	1 14	15
2	0 58 06	14 07 40	3 55	0 33	1 14	15
3	0 58 07	14 00 38	2 28	0 39	1 14	15
4	0 58 09	13 53 02	0 50	0 44	1 14	15
5	0 58 10	13 44 46	0 50	0 49	1 14	14
6	0 58 12	13 35 28	2 22	0 53	1 14	14
7	0 58 13	13 24 45	3 38	0 57	1 14	13
8	0 58 15	13 12 22	4 34	0 59	1 14	13
9	0 58 16	12 58 29	5 11	1 00	1 14	12
10	0 58 18	12 43 36	5 31	1 00	1 15	12
11	0 58 20	12 28 33	5 36	0 58	1 15	11
12	0 58 22	12 14 23	5 29	0 55	1 15	11
13	0 58 24	12 02 15	5 10	0 51	1 15	10
14	0 58 26	11 53 10	4 41	0 45	1 15	9
15	0 58 28	11 48 04	4 02	0 39	1 15	9
16	0 58 30	11 47 40	3 13	0 31	1 15	8
17	0 58 32	11 52 26	2 13	0 22	1 15	7
18	0 58 35	12 02 34	1 04	0 13	1 15	7
19	0 58 37	12 17 55	0 14	0 04	1 15	6
20	0 58 39	12 37 55	1 35	0 06	1 15	5
21	0 58 41	13 01 28	2 56	0 16	1 15	4
22	0 58 43	13 26 53	4 11	0 25	1 15	3
23	0 58 45	13 51 59	5 15	0 35	1 15	3
24	0 58 47	14 14 17	6 02	0 44	1 15	2
25	0 58 49	14 31 27	6 31	0 52	1 15	1
26	0 58 51	14 41 51	6 37	1 00	1 15	0
27	0 58 53	14 44 51	6 17	1 07	1 15	1
28	0 58 55	14 41 00	5 33	1 13	1 15	1
29	0 58 57	14 31 39	4 24	1 19	1 15	2
30	0 58 59	14 18 37	2 55	1 24	1 15	3

OCTOBER

D	☉	☽	☽Dec.	☿	♀	♂
	° ′ ″	° ′ ″	° ′	° ′	° ′	′
1	0 59 01	14 03 37	1 14	1 28	1 15	4
2	0 59 02	13 48 00	0 29	1 32	1 15	5
3	0 59 04	13 32 36	2 03	1 35	1 15	5
4	0 59 06	13 17 52	3 21	1 38	1 15	6
5	0 59 08	13 03 52	4 20	1 40	1 15	7
6	0 59 09	12 50 33	5 01	1 41	1 15	8
7	0 59 11	12 37 51	5 25	1 43	1 15	8
8	0 59 13	12 25 45	5 35	1 44	1 15	9
9	0 59 15	12 14 29	5 33	1 44	1 15	10
10	0 59 17	12 04 24	5 18	1 45	1 15	11
11	0 59 19	11 56 00	4 53	1 45	1 15	11
12	0 59 21	11 49 55	4 17	1 45	1 15	12
13	0 59 24	11 46 49	3 30	1 45	1 15	13
14	0 59 26	11 47 20	2 33	1 45	1 15	13
15	0 59 28	11 52 02	1 26	1 44	1 15	14
16	0 59 31	12 01 23	0 12	1 44	1 15	15
17	0 59 33	12 15 36	1 07	1 44	1 15	15
18	0 59 35	12 34 33	2 25	1 43	1 15	16
19	0 59 37	12 57 43	3 39	1 43	1 15	16
20	0 59 40	13 23 58	4 46	1 42	1 15	17
21	0 59 42	13 51 32	5 40	1 42	1 15	17
22	0 59 44	14 18 00	6 20	1 41	1 15	18
23	0 59 46	14 40 39	6 40	1 40	1 15	19
24	0 59 48	14 56 52	6 36	1 40	1 15	19
25	0 59 50	15 04 46	6 05	1 39	1 15	20
26	0 59 52	15 03 37	5 04	1 39	1 15	20
27	0 59 54	14 54 04	3 37	1 38	1 15	21
28	0 59 56	14 37 52	1 51	1 38	1 15	21
29	0 59 57	14 17 18	0 00	1 37	1 15	22
30	0 59 59	13 54 42	1 42	1 37	1 15	22
31	1 00 01	13 32 03	3 07	1 36	1 15	23

NOVEMBER

D	☉	☽	☽Dec.	☿	♀	♂
	° ′ ″	° ′ ″	° ′	° ′	° ′	′
1	1 00 02	13 10 47	4 10	1 36	1 15	23
2	1 00 04	12 51 45	4 53	1 35	1 15	24
3	1 00 05	12 35 21	5 20	1 35	1 15	24
4	1 00 07	12 21 38	5 32	1 34	1 15	24
5	1 00 08	12 10 29	5 32	1 34	1 15	25
6	1 00 10	12 01 40	5 22	1 34	1 15	25
7	1 00 12	11 55 00	5 00	1 33	1 15	26
8	1 00 14	11 50 25	4 28	1 33	1 15	26
9	1 00 15	11 47 55	3 44	1 33	1 15	26
10	1 00 17	11 47 40	2 50	1 32	1 15	27
11	1 00 19	11 49 57	1 45	1 32	1 15	27
12	1 00 21	11 55 07	0 32	1 32	1 15	27
13	1 00 23	12 03 36	0 44	1 31	1 15	28
14	1 00 25	12 15 45	2 00	1 31	1 15	28
15	1 00 27	12 31 47	3 12	1 31	1 15	28
16	1 00 28	12 51 43	4 17	1 30	1 15	29
17	1 00 30	13 15 07	5 12	1 30	1 15	29
18	1 00 32	13 41 02	5 55	1 30	1 15	29
19	1 00 34	14 07 50	6 24	1 29	1 15	29
20	1 00 36	14 33 15	6 34	1 29	1 15	30
21	1 00 37	14 54 33	6 20	1 29	1 15	30
22	1 00 39	15 08 59	5 38	1 28	1 15	30
23	1 00 40	15 14 22	4 24	1 28	1 15	31
24	1 00 42	15 09 49	2 43	1 27	1 15	31
25	1 00 43	14 55 53	0 47	1 26	1 15	31
26	1 00 44	14 34 33	1 08	1 26	1 14	31
27	1 00 45	14 08 35	2 47	1 25	1 14	31
28	1 00 46	13 40 55	4 00	1 24	1 14	32
29	1 00 47	13 14 03	4 50	1 23	1 14	32
30	1 00 48	12 49 50	5 19	1 22	1 14	32

DECEMBER

D	☉	☽	☽Dec.	☿	♀	♂
	° ′ ″	° ′ ″	° ′	° ′	° ′	′
1	1 00 49	12 29 22	5 32	1 20	1 14	32
2	1 00 50	12 13 08	5 33	1 19	1 14	33
3	1 00 51	12 01 09	5 24	1 17	1 14	33
4	1 00 52	11 53 11	5 05	1 15	1 14	33
5	1 00 53	11 48 45	4 36	1 12	1 14	33
6	1 00 54	11 47 22	3 56	1 10	1 14	33
7	1 00 55	11 48 31	3 04	1 06	1 14	33
8	1 00 56	11 51 48	2 02	1 03	1 14	34
9	1 00 56	11 56 56	0 51	0 58	1 14	34
10	1 00 57	12 03 47	0 26	0 53	1 14	34
11	1 00 58	12 12 26	1 43	0 48	1 14	34
12	1 00 59	12 23 04	2 55	0 41	1 14	34
13	1 01 00	12 35 58	3 58	0 34	1 14	34
14	1 01 01	12 51 24	4 52	0 26	1 14	34
15	1 01 02	13 09 31	5 34	0 17	1 14	35
16	1 01 03	13 30 07	6 03	0 07	1 14	35
17	1 01 04	13 52 34	6 18	0 04	1 14	35
18	1 01 05	14 15 35	6 15	0 15	1 14	35
19	1 01 06	14 37 11	5 49	0 27	1 14	35
20	1 01 07	14 54 50	4 55	0 38	1 14	35
21	1 01 08	15 05 50	3 31	0 50	1 14	35
22	1 01 08	15 07 59	1 42	1 00	1 14	36
23	1 01 09	15 00 18	0 18	1 09	1 14	36
24	1 01 09	14 43 25	2 11	1 16	1 14	36
25	1 01 09	14 19 25	3 41	1 20	1 14	36
26	1 01 09	13 51 19	4 44	1 22	1 14	36
27	1 01 09	13 22 15	5 21	1 21	1 14	36
28	1 01 09	12 54 55	5 38	1 18	1 14	36
29	1 01 09	12 31 12	5 40	1 12	1 14	36
30	1 01 09	12 12 14	5 31	1 04	1 14	36
31	1 01 09	11 58 32	5 12	0 55	1 14	36

JANUARY			
1 We	1 26	☽△♃	G
	3 48	☽☌♇	D
	6 15	☽⊻♂	g
	13 51	☽⊻♀	g
	14 10	☽☍♄	B
	14 29	☽∠♆	b
	16 19	☉±♃	
	17 23	☽⚹♅	G
	18 14	♀▽♄	
	20 57	☽⊻☿	g
	23 42	☽♑	
2 Th	2 46	☽⚼♃	b
	3 42	☉∠♅	
	9 03	☽∠♂	b
	16 14	☽⊻♆	g
	17 24	☽∠♀	b
	18 19	☿ Stat	
	19 12	☽∠♅	b
	20 23	☽☌☉	D
3 Fr	7 24	☽⊻♇	g
	12 22	☽⚹♂	G
	20 37	♀□♅	
	21 32	☽⊻♅	g
	21 36	☽⚹♀	G
4 Sa	0 56	☽☌☿	G
	3 56	☽♒	
	10 01	☽∠♇	b
	17 18	☽∥☉	G
	20 23	☽⚼♄	b
	21 22	☽☌♆	D
	22 41	☽#♄	B
5 Su	5 17	♀Q♆	
	6 04	☽⊻☉	g
	8 00	☿⚹♀	
	9 46	☽☍♃	B
	13 22	☽⚹♇	G
	14 13	♂∥♆	
	16 25	☽∥☿	G
	21 18	☽□♂	B
	23 48	☽△♄	G
6 Mo	1 58	☽∥♂	B
	2 28	☽∥♆	D
	4 21	☽☌♅	B
	5 50	☽⊻☿	g
	8 40	☽#♃	G
	8 44	☽□♀	B
	10 05	☽∥♀	G
	10 57	☽♓	
	12 23	☽∠☉	b
7 Tu	0 06	☽∥♇	D
	1 34	☉▽♃	
	2 17	☽∥♅	B
	4 50	☿⊻♅	
	5 36	☽⊻♆	g
	8 44	☽∠☿	b
	13 07	♀♐	
	18 36	♂▽♄	
	19 47	☽⚹☉	G
	20 33	♀#♃	
	22 35	☽□♇	B
8 We	9 08	☽□♄	B
	10 02	☽△♂	G
	10 58	☽∠♆	b
	11 55	☽⚹☿	G
	14 31	☽⊻♅	g
	21 15	☽♈	
	23 29	☽⚼♃	b
9 Th	0 09	☽△♀	G
	0 18	☿⚹♂	
	3 50	☿⊥♇	
	6 30	☉⊻♇	
	17 01	☽⚹♆	G
	17 41	☽⚼♂	b
	19 30	☿▽♄	
	20 39	☽∠♅	b
10 Fr	2 39	☉#♄	
	5 23	☽△♃	G
	9 08	☽⚼♀	b
	10 41	☽△♇	G
	13 15	☽□☉	B
	18 43	☽□☿	B
	21 02	☽⚹♄	G
11 Sa	3 10	☽⚹♅	G
	9 48	☽♉	
	9 49	☉⊥♅	
	17 13	☽⚼♇	b
	20 02	☉☌☿	
12 Su	3 12	☿⊥♅	
	3 18	☽∠♄	b
	4 19	☿∥♂	
	4 47	♂□♅	
	5 59	☽□♆	B
	9 57	☽#♅	B
	12 46	☽#♇	D
	14 56	♀∥♆	
	14 58	☿∠♀	
	17 36	☽□♃	B
13 Mo	1 20	☽△☿	G
	6 20	☽∥♃	G
	7 36	☽△☉	G
	9 18	☽⊻♄	g
	11 01	☽#♆	D
	12 09	☽#♀	G
	15 54	☽□♅	B
	16 54	☿⊻♇	
	17 44	☽☍♂	B
	18 37	☽#☿	G
	19 55	☽#♂	B
	22 08	☽♊	
14 Tu	2 39	☉▽♄	
	3 02	♂Q♆	
	4 17	☽⚼☿	b
	11 22	☽#☉	G
	12 02	☽☍♀	B
	15 56	☽⚼☉	b
	16 52	☽∥♄	B
	17 51	☽△♆	G
15 We	4 16	☽⚹♃	G
	8 37	☉⊥♇	
	10 41	☽☍♇	B
	19 29	☽☌♄	B
	22 42	☽⚼♆	b
16 Th	2 16	☽△♅	G
	7 56	☽♋	
	8 29	☽∠♃	b
	16 00	☿⊥♀	
	18 20	☿▽♃	
17 Fr	2 11	☿∠♂	
	4 22	♂♐	
	6 12	☽⚼♅	b
	10 35	♀⚹♆	
	10 54	☽☍☿	B
	11 52	☽⊻♃	g
	11 58	☽⚼♂	b
	14 36	☉⊻♅	
18 Sa	2 28	☽⊻♄	g
	7 31	☽⚼♀	b
	10 48	☽☍☉	B
	14 29	☽♌	
	16 11	☽△♂	G
	21 20	☽⚼♇	b
19 Su	4 53	☽∠♄	b
	8 26	☽☍♆	B
	8 33	☽∥♄	B
	12 08	☽△♀	G
	16 01	☉±♄	
	16 33	☽☌♃	G
	20 13	☽#☉	G
	21 55	☽#♂	B
	23 31	☽△♇	G
20 Mo	0 33	☽#☿	G
	1 29	☿⊻♀	
	3 15	☽#♀	G
	6 45	☽⚹♄	G
	11 14	☽#♆	D
	11 53	☉♒	
	13 30	☽∥♃	G
	13 46	☽☍♅	B
	14 38	☽⚼☿	b
	15 52	☉∥♂	
	18 32	☽♍	
	22 40	☽□♂	B
21 Tu	5 54	☽#♇	D
	9 02	☽#♅	B
	15 35	♀△♃	
	15 40	☽△☿	G
	19 23	☽⊻♃	g
	19 44	☽□♀	B
	21 44	☉∥☿	
	22 30	☽⚼☉	b
22 We	2 46	☽□♇	B
	6 26	♀Q♅	
	9 34	☽□♄	B
	11 16	☿∠♅	
	13 31	☽⚼♆	b
	20 31	☽∠♃	b
	21 23	☽♎	
23 Th	1 09	☿ Stat	
	1 49	☽△☉	G
	2 21	☉∥♀	
	3 53	☽⚹♂	G
	14 55	☽△♆	G
	18 12	☽□☿	B
	18 18	☽⚼♅	b
	21 38	☽⚹♃	G
24 Fr	2 37	☽⚹♀	G
	5 34	☽⚹♇	G
	6 27	☽∠♂	b
	10 52	☿∠♅	
	11 32	☉∠♇	
	12 05	☽△♄	G
	19 48	☽△♅	G
25 Sa	0 09	☽♏	
	6 11	☽∠♀	b
	7 05	☽∠♇	b
	8 33	☽□☉	B
	9 08	☽⊻♂	g
	13 29	☽⚼♄	b
	17 57	☽□♆	B
	17 58	♀☌♇	
	18 55	☽∥♅	B
	21 58	☽⚹☿	G
	22 25	☽∥♇	D
26 Su	0 08	☽□♃	B
	5 26	☉⚹♂	
	8 44	☽⊻♇	g
	9 57	☽⊻♀	g
	15 58	☽#♃	G
	16 39	☽∥♆	D
	22 19	☽∥☉	G
	23 14	☽□♅	B
27 Mo	0 26	☽∠☿	b
	3 26	☽♐	
	6 55	☽∥♀	G
	9 53	☽∥☿	G
	12 16	☽∥♂	B
	15 02	☽☌♂	B
	16 00	☽⚹☉	G
	19 20	☽#♄	B
	21 38	☽⚹♆	G
28 Tu	1 51	☿▽♃	
	2 05	☉⚼♄	
	3 16	☽△♃	G
	3 20	☽⊻☿	g
	12 35	☽☌♇	D
	18 13	☽☌♀	G
	18 43	☽☍♄	B
	20 06	☽∠☉	b
	23 47	☽∠♆	b
29 We	0 13	♀☍♄	
	3 26	☽⚹♅	G
	5 08	☽⚼♃	b
	7 04	♃#♆	
	7 30	☽♑	
	21 55	☽⊻♂	g
30 Th	0 32	☽⊻☉	g
	2 12	☽⊻♆	g
	5 56	☽∠♅	b
	10 34	☽☌☿	G
	17 27	☽⊻♇	g
	19 38	☉#♃	
	23 33	☉☌♆	
31 Fr	1 53	☽∠♂	b
	2 47	☉∥♆	
	3 53	☽⊻♀	g
	8 47	☽⊻♅	g
	12 44	☽♒	
	17 14	♀∠♆	
	20 26	☽∠♇	b
FEBRUARY			
1 Sa	2 24	☽⚼♄	b
	6 21	☽⚹♂	G
	7 13	☽#♄	B
	8 10	☽☌♆	D
	9 31	☽∠♀	b
	10 48	☽☌☉	D
	10 50	☽∥♂	B
	12 45	☽☍♃	B
	13 53	☽∥☿	G
	16 53	☽∥♀	G
	20 21	☽⊻☿	g
	23 56	☽⚹♇	G
2 Su	5 54	☽△♄	G
	9 12	☉☍♃	
	11 15	☽#♃	G
	12 26	☽∥♆	D
	15 54	☽⚹♀	G
	16 02	☽☌♅	B
	16 23	☽∥☉	G
	17 26	♀⚹♅	
	19 41	♀⚼♃	
	19 54	☽♓	
	21 39	♂⚹♆	
3 Mo	2 33	☽∠☿	b
	8 15	☽∥♇	D
	13 00	☽∥♅	B
	16 25	☽⊻♆	g
	17 22	☽□♂	B
	22 25	☿⊻♇	
	23 58	☽⊻☉	g
4 Tu	8 53	☽□♇	B
	9 48	☽⚹☿	G
	13 27	♀♑	
	14 53	☽□♄	B
	21 34	☽∠♆	b
5 We	1 18	☽⚼♃	b
	1 56	☽⊻♅	g
	5 44	☽♈	
	7 24	☽□♀	B
	7 54	☽∠☉	b
	19 25	♂△♃	
6 Th	3 24	☽⚹♆	G
	6 47	☽△♃	G
	7 34	☽△♂	G
	7 54	☽∠♅	b
	8 44	♂#♄	
	14 09	☿⊥♅	
	16 37	☽⚹☉	G
	18 31	☿▽♄	
	20 32	☽△♇	G
7 Fr	2 28	☽⚹♄	G
	3 20	☽□☿	B
	5 24	☉∠♀	
	14 22	☽⚹♅	G
	15 36	☽⚼♂	b
	17 59	☽♉	
8 Sa	2 06	☽△♀	G
	3 01	☽⚼♇	b
	8 52	☽∠♄	b
	14 18	☽#♅	B
	15 29	☉⚹♇	
	16 20	☽□♆	B
	18 54	☽□♃	B
	19 50	☽#♇	D
	23 28	♀⊥♆	
9 Su	1 39	☽#☉	G
	10 32	☿⊥♇	
	11 11	☽□☉	B
	11 48	☽⚼♀	b
	15 14	☽⊻♄	g
	16 29	☽#♆	D
	19 57	☽∥♃	G
	20 46	☿∥♀	
	22 33	♀±♃	
	22 55	☽△☿	G
10 Mo	3 28	☽□♅	B
	6 45	☽♊	
	16 03	☽#☿	G
	16 38	☽#♀	G
11 Tu	0 14	☽∥♄	B
	3 36	☽#♂	B
	4 47	☽△♆	G
	6 26	☽⚹♃	G
	8 11	☽⚼☿	b
	9 45	☉△♄	
	15 10	☽☍♂	B
	16 12	☿±♄	
	17 33	♂Q♅	
	20 17	☿⊻♅	
	21 15	☽☍♇	B
12 We	2 29	☽☌♄	B
	4 00	☽△☉	G

Day	Time	Aspect	
	8 50	☉∥♇	
	9 58	☽⚼♆	b
	11 11	☽∠♃	b
	14 29	☽△♅	G
	17 19	☽♋	
13	1 00	☿♒	
Th	10 44	☽⚼☉	b
	12 22	☽☍♀	B
	15 00	☽⚺♃	g
	18 34	☽⚼♅	b
14	9 32	♀⚺♆	
Fr	10 12	☽⚺♄	g
	15 34	♀⚻♃	
15	0 04	☽♌	
Sa	5 08	☽☍☿	B
	6 37	☽⚼♂	b
	8 07	☽⚼♇	b
	12 27	☽#♂	B
	12 37	☽∠♄	b
	17 48	☽∥♄	B
	19 40	☽☍♆	B
	19 49	☽☌♃	G
	20 48	☉∥♅	
16	1 14	☽#♀	G
Su	6 24	☽#☿	G
	7 50	☿∠♂	
	9 10	♃☍♆	
	9 39	☽△♂	G
	9 55	☽△♇	G
	11 33	☿∠♇	
	14 05	♀∠♅	
	14 14	☽⚹♄	G
	15 57	♂☌♇	
	16 49	☽∥♃	G
	21 24	☽#♆	D
	23 51	☽☍☉	B
17	1 18	☽☍♅	B
Mo	2 14	☽⚼♀	b
	3 22	☽♍	
	14 10	☽#♇	D
	19 25	☽#♅	B
	21 38	☉☌♅	
	21 46	☽⚺♃	g
	22 17	☽#☉	G
18	5 13	☽△♀	G
Tu	7 08	☿⚼♄	
	11 51	☽□♇	B
	13 48	☽□♂	B
	15 56	☽□♄	B
	16 53	☽⚼☿	b
	22 12	☽∠♃	b
	22 52	☽⚼♆	b
19	2 00	☉♓	
We	4 48	☽♎	
	20 07	☽△☿	G
	22 34	☽⚹♃	G
	23 30	☽△♆	G
20	3 38	☽⚼♅	b
Th	7 25	☽⚼☉	b
	10 39	☽□♀	B
	13 06	☽⚹♇	G
	14 14	♂☍♄	
	17 08	☽△♄	G
	17 16	☽⚹♂	G
	18 18	☉Q♇	
	19 12	☿☍♃	
21	4 29	☽△♅	G
Fr	6 09	☽♏	
	6 51	☿☌♆	
	10 04	☽△☉	G
	13 17	☽∥☉	G
	13 59	☽∠♇	b
	17 46	♀⚺♇	
	18 03	☽⚼♄	b
	19 21	☽∠♂	b
	21 11	☽∥♅	B
	23 52	☽□♃	B
22	1 20	☽□♆	B
Sa	2 46	☽∥♇	D
	3 25	☽□☿	B
	7 30	☿#♃	
	7 38	♄ Stat	
	15 14	☽⚺♇	g
	17 08	☽⚹♀	G
	19 22	☽∥♆	D
	21 52	☽⚺♂	g
	23 58	☽∥☿	G
23	1 22	☽#♃	G
Su	7 15	☽□♅	B
	8 46	☽♐	
	12 02	☽∥♀	G
	16 46	☽□☉	B
	19 45	♀⚻♄	
	21 11	☽∠♀	b
	23 21	☽#♄	B
24	2 40	☽△♃	G
Mo	4 45	☽⚹♆	G
	8 20	☽∥♂	B
	13 05	☽⚹☿	G
	17 36	♀⊥♅	
	19 04	☽☌♇	D
	23 16	☽☍♄	B
25	1 51	☽⚺♀	g
Tu	4 28	☽☌♂	B
	4 46	☽⚼♃	b
	7 09	☽∠♆	b
	9 42	☿∥♆	
	10 01	♂⚼♃	
	11 50	☽⚹♅	G
	13 11	☽♑	
	18 59	☽∠☿	b
26	1 45	☽⚹☉	G
We	10 01	☽⚺♆	g
	14 50	☽∠♅	b
	18 33	☿⚹♇	
	22 35	♀⊥♇	
27	0 45	☽⚺♇	g
Th	1 35	☽⚺☿	g
	7 05	☽∠☉	b
	12 58	☽☌♀	G
	13 09	☽⚺♂	g
	16 43	♂∠♆	
	17 20	♀⚺♂	
	17 44	☉Q♂	
	18 16	☽⚺♅	g
	19 24	☽♒	
28	3 27	☽∥♂	B
Fr	4 15	☽∠♇	b
	6 51	☿△♄	
	8 38	☽⚼♄	b
	12 59	☽⚺☉	g
	13 41	☽☍♃	B
	14 10	☽#♄	B
	17 04	☽☌♆	D
	18 16	☽∠♂	b
	21 16	☉⚻♃	
	23 28	♀±♄	
MARCH			
1	8 00	☽∥♀	G
Sa	8 12	☽⚹♇	G
	12 39	☽△♄	G
	13 14	☽#♃	G
	16 54	☽☌☿	G
	21 25	☽∥♆	D
	23 56	☽⚹♂	G
2	2 29	☽⚺♀	g
Su	2 30	☽☌♅	B
	2 39	♀⚺♅	
	3 26	☽♓	
	9 41	☽∥☿	G
	12 40	♀♒	
	15 55	☽∥♇	D
	19 19	☉⚺♆	
	23 07	☽∥♅	B
3	2 01	☽⚺♆	g
Mo	2 35	☽☌☉	D
	10 14	☽∠♀	b
	17 36	☽□♇	B
	22 14	☽□♄	B
4	1 47	☽∥☉	G
Tu	2 47	☽⚼♃	b
	7 17	☽∠♆	b
	7 30	♂⚹♅	
	11 30	☽⚺☿	g
	12 48	☽⚺♅	g
	13 04	☽□♂	B
	13 30	☽♈	
	15 48	☿∥♇	
	18 44	☽⚹♀	G
	21 16	☿☌♅	
	21 17	♂♑	
5	2 04	☿♓	
We	5 01	☿⚹♂	
	8 05	♀#♃	
	8 13	☽△♃	G
	13 06	☽⚹♆	G
	18 46	☽∠♅	b
	18 54	☽⚺☉	g
	22 09	☽∠☿	b
6	4 43	☿Q♇	
Th	5 07	☽△♇	G
	8 31	☉±♃	
	9 58	☽⚹♄	G
	10 24	☽#☉	G
	15 50	♀∠♇	
7	1 10	☽⚹♅	G
Fr	1 36	☽♉	
	3 58	☽∠☉	b
	4 35	☽△♂	G
	5 26	☿∥♅	
	9 33	☽⚹☿	G
	11 31	☽⚼♇	b
	13 42	☽□♀	B
	16 27	☽∠♄	b
	16 27	☽#☿	G
	17 53	☽#♅	B
	20 22	☽□♃	B
8	1 50	☽#♇	D
Sa	1 57	☽□♆	B
	12 52	☽⚼♂	b
	13 20	☽⚹☉	G
	17 42	♀⚼♄	
	21 05	☽#♆	D
	23 04	☽⚺♄	g
	23 57	☉⊥♆	
9	1 32	☽#♀	G
Su	7 19	☽∥♃	G
	14 29	☽□♅	B
	14 38	☽♊	
	17 11	♂±♃	
10	4 18	♀☍♃	
Mo	6 56	☽∥♄	B
	7 57	☿⚻♃	
	8 49	☽⚹♃	G
	8 58	☽□☿	B
	9 21	☽△♀	G
	14 52	☽△♆	G
	15 50	☿⚺♀	
	18 41	♀⊥♂	
	19 28	☽#♂	B
	20 53	♅♓	
	21 49	☉□♇	
11	6 29	☽☍♇	B
Tu	7 15	☽□☉	B
	11 24	☽☌♄	B
	14 23	☽∠♃	b
	18 16	☽⚼♀	b
	20 33	☽⚼♆	b
12	1 11	☿⚺♆	
We	2 12	☽♋	
	2 18	♀∥♆	
	2 19	☽△♅	G
	11 29	☽☍♂	B
	18 35	♀☌♆	
	19 07	☽⚺♃	g
13	5 13	☽△☿	G
Th	6 56	☽⚼♅	b
	11 38	☉□♄	
	12 53	☿±♃	
	20 31	☽⚺♄	g
	21 13	☽△☉	G
14	10 06	☽♌	
Fr	13 03	☽⚼☿	b
	14 25	♂⊥♆	
	17 28	☉⚼♃	
	17 32	☽#♂	B
	18 53	☽⚼♇	b
	23 28	☽∠♄	b
15	1 31	☽☌♃	G
Sa	2 11	☽⚼☉	b
	4 15	☽∥♄	B
	7 37	☽☍♆	B
	9 02	☿⊥♆	
	13 11	☽☍♀	B
	18 06	☿Q♂	
	20 55	☽△♇	G
16	0 00	☽∥♃	G
Su	0 33	☽⚼♂	b
	1 24	☽⚹♄	G
	7 18	☿□♇	
	9 30	☽#♆	D
	13 52	☽♍	
	14 24	☽☍♅	B
	15 28	☽#♀	G
17	1 05	☽#♇	D
Mo	2 43	☽△♂	G
	4 03	☽⚺♃	g
	8 09	☽#♅	B
	17 34	☿□♄	
	22 33	☽□♇	B
18	2 56	☽□♄	B
Tu	4 17	☽☍☿	B
	4 19	☽∠♃	b
	4 28	☿⚼♃	
	7 05	♂⚻♃	
	7 23	☉∠♆	
	10 22	☽⚼♆	b
	10 35	☽☍☉	B
	14 43	☽♎	
	15 50	☽#☿	G
	21 47	☽⚼♀	b
19	2 48	☽#☉	G
We	4 14	☽⚹♃	G
	5 15	☽□♂	B
	8 00	☽∥☉	G
	8 28	♀⚹♇	
	10 23	☽△♆	G
	14 07	☿⊥♀	
	15 25	☽⚼♅	b
	16 05	☽∥☿	G
	22 33	☽⚹♇	G
	23 46	☽△♀	G
20	3 02	☽△♄	G
Th	3 46	☿∠♆	
	14 38	☽♏	
	15 28	☽△♅	G
	22 35	☽∠♇	b
21	1 00	☉♈	
Fr	2 13	☽∥♅	B
	3 11	☽⚼♄	b
	4 06	☽□♃	B
	7 25	☽⚹♂	G
	9 20	☽∥♇	D
	10 35	☽□♆	B
	11 58	☽∥♀	G
	12 16	☿♈	
	14 55	☉⚺♅	
	15 16	☽⚼☿	b
	15 52	☽⚼☉	b
	18 31	♀△♄	
	19 21	☿⚺♅	
	22 57	☽⚺♇	g
	23 34	☉☌☿	
22	0 21	☽∥♆	D
Sa	4 30	☽□♀	B
	8 50	☉#☿	
	9 03	☽∠♂	b
	10 08	☽#♃	G
	15 33	☽♐	
	16 36	☽□♅	B
	18 24	☽△☉	G
	19 55	☽△☿	G
23	4 55	☽#♄	B
Su	5 12	♇ Stat	
	5 26	☽△♃	G
	7 52	♀∥♇	
	11 20	☽⚺♂	g
	12 27	☽⚹♆	G
	13 07	☽∥♂	B
24	1 19	☽☌♇	D
Mo	6 32	☽☍♄	B
	7 01	☽⚼♃	b
	8 59	☉∥☿	
	11 58	☽⚹♀	G
	13 21	♂⚺♆	
	14 21	☽∠♆	b
	18 48	☽♑	
	20 06	☽⚹♅	G
	21 06	☿⊥♅	
25	1 51	☽□☉	B
Tu	8 24	☽□☿	B
	14 27	☿△♃	
	16 58	☽⚺♆	g

Day	h	m	Aspect	
	17	04	☽∠♀	b
	18	16	☽☌♂	B
	22	55	☽∠♅	b
26	6	26	☽⊻♇	g
We	19	53	♀∠♂	
	23	05	☽⊻♀	g
27	0	51	☽♒	
Th	0	51	☿Q♄	
	2	25	☽⊻♅	g
	10	01	☽∠♇	b
	12	23	☽∥♂	B
	12	47	☽✱☉	G
	14	13	♃∠♄	
	15	59	☽☍♃	B
	16	00	☽⚼♄	b
	17	36	☿✱♆	
	18	14	♀♓	
	19	54	☽#♄	B
	23	59	☉⊥♅	
28	0	14	☽☌♆	D
Fr	1	28	☽✱☿	G
	4	21	☽⊻♂	g
	10	02	♀∥♅	
	12	44	♀☌♅	
	14	12	☽✱♇	G
	17	14	☽#♃	G
	19	27	☽∠☉	b
	20	27	☽△♄	G
29	2	12	☿□♂	
Sa	5	12	☽∥♆	D
	5	32	☉△♃	
	9	03	♀Q♇	
	9	26	☽♓	
	10	04	☿∠♅	
	10	25	☽∠♂	b
	11	18	☽☌♅	B
	11	32	☽∠☿	b
	13	36	☽☌♀	G
	22	55	☽∥♇	D
30	2	49	☽⊻☉	g
Su	5	14	♂∠♅	
	8	09	☽∥♅	B
	9	51	☽⊻♆	g
	11	51	☽∥♀	G
	15	54	☿∠♀	
	17	06	☽✱♂	G
	21	37	☉⊥♀	
	22	25	☽⊻☿	g
31	0	11	☽□♇	B
Mo	3	33	☽#☿	G
	6	24	☽⚼♃	b
	6	59	☽□♄	B
	9	12	☿△♇	
	15	23	☽∠♆	b
	19	26	☽#☉	G
	20	04	☽♈	
	22	14	☽⊻♅	g
APRIL				
1	6	53	☽⊻♀	g
Tu	12	09	☽△♃	G
	14	58	☉Q♄	
	19	19	☽☌☉	D
	21	21	☽✱♆	G
2	4	21	☽∠♅	b
We	4	29	☿✱♄	
	7	58	☽□♂	B
	11	32	☿#♀	
	11	57	☽△♇	G

Day	h	m	Aspect	
	12	46	☽∥☉	G
	16	22	☽∠♀	b
	18	58	☿Q♆	
	19	16	☽✱♄	G
	20	33	☉✱♆	
	22	05	☽☌☿	G
3	8	20	☽♉	
Th	10	16	☽#♀	G
	10	47	☽✱♅	G
	11	24	♀⊼♃	
	17	36	☽∥☿	G
	18	19	☽⚼♇	b
	21	27	☽#♅	B
4	0	43	☽□♃	B
Fr	1	54	☽∠♄	b
	2	14	☽✱♀	G
	3	05	♃Stat	
	7	18	☽#♇	D
	10	12	☽□♆	B
	13	34	☽⊻☉	g
	14	45	☿#♅	
5	0	15	☽△♂	G
Sa	1	38	☽#♆	D
	8	38	☽⊻♄	g
	11	26	♂⊻♇	
	14	31	☽∥♃	G
	14	37	☿♉	
	21	24	☽♊	
	22	38	☽⊻☿	g
	22	54	☽∠☉	b
6	0	05	☽□♅	B
Su	8	27	☽⚼♂	b
	8	27	☿✱♅	
	13	27	☽∥♄	B
	13	44	☉∠♅	
	13	46	☽✱♃	G
	15	54	☽#♂	B
	22	07	☽□♀	B
	23	12	☿#♇	
	23	16	☽△♆	G
7	7	57	☽✱☉	G
Mo	9	38	♀⊻♆	
	10	12	☽∠☿	b
	13	32	☽☍♇	B
	19	55	☽∠♃	b
	21	34	☽☌♄	B
8	5	16	☽⚼♆	b
Tu	9	36	☽♋	
	9	51	☿⚼♇	
	11	42	♀±♃	
	12	25	☽△♅	G
	16	45	☉#♀	
	20	36	☽✱☿	G
9	1	26	☽⊻♃	g
We	15	40	☽△♀	G
	17	34	☽⚼♅	b
	23	40	☽□☉	B
10	3	30	☉△♇	
Th	5	34	☽☍♂	B
	7	57	☽⊻♄	g
	9	34	♂#♄	
	11	08	☿□♃	
	18	54	☽♌	
	22	40	☽⚼♀	b
11	3	47	☽⚼♇	b
Fr	4	15	☿∠♄	
	9	46	☽☌♃	G
	11	40	☽∠♄	b
	12	31	☽□☿	B

Day	h	m	Aspect	
	13	38	☽∥♄	B
	14	22	☽#♂	B
	18	14	☽☍♆	B
	19	17	☿#♆	
12	6	33	☽△♇	G
Sa	10	10	☽∥♃	G
	10	31	☽△☉	G
	11	08	♀⊥♆	
	14	18	☽✱♄	G
	14	31	♂⊼♄	
	18	29	☽∥☿	G
	21	12	☽#♆	D
13	0	07	☽♍	
Su	2	53	☽☍♅	B
	6	02	♀□♇	
	12	30	☽#♇	D
	13	59	☽⊻♃	g
	14	02	☽⚼☉	b
	16	56	☽⚼♂	b
	21	05	☽#♅	B
	21	40	☽△☿	G
	23	27	☿□♆	
14	6	15	☽∥☉	G
Mo	9	11	☽□♇	B
	11	38	☽☍♀	B
	14	45	☽∠♃	b
	15	22	☿Q♅	
	16	46	☽□♄	B
	17	55	☿±♇	
	18	38	☽△♂	G
	20	38	☉✱♄	
	21	43	♂⊥♅	
	22	21	☽⚼♆	b
15	0	16	☽⚼☿	b
Tu	0	32	☽#♀	G
	1	42	☽♎	
	1	55	♂⊥♇	
	7	34	☉Q♆	
	14	55	☽✱♃	G
	22	21	☽△♆	G
16	2	51	♀⚼♃	
We	3	19	☿∥♃	
	4	23	☽⚼♅	b
	6	27	☽∥♀	G
	9	11	☽✱♇	G
	16	50	☽△♄	G
	19	36	☽☍☉	B
	20	22	☽□♂	B
17	0	24	♅Q♇	
Th	1	16	☽♏	
	4	05	☽△♅	G
	6	08	☽#☉	G
	6	52	♀□♄	
	8	48	☽∠♇	b
	10	38	☽∥♅	B
	14	25	☽□♃	B
	16	36	☽⚼♄	b
	17	23	☽⚼♀	b
	18	48	☽∥♇	D
	21	43	☽□♆	B
18	1	55	☉□♂	
Fr	4	23	☽☍☿	B
	8	30	☽⊻♇	g
	8	54	☽∥♆	D
	18	46	☽#♃	G
	19	17	☽△♀	G
	21	52	☽✱♂	G
	23	27	☽#☿	G
19	0	51	☽♐	

Day	h	m	Aspect	
Sa	3	52	☽□♅	B
	8	45	☽∥♂	B
	13	55	☽#♄	B
	14	31	☽△♃	G
	21	58	☽✱♆	G
	23	15	☽∠♂	b
20	0	29	☽⚼☉	b
Su	0	36	♀∠♆	
	9	06	☽☌♇	D
	12	03	☉♉	
	12	11	☉#♅	
	15	21	☽⚼♃	b
	17	55	☽☍♄	B
	20	55	☿⊥♄	
	22	59	☽∠♆	b
21	1	02	☽□♀	B
Mo	1	23	☽⊻♂	g
	2	20	☽♑	
	3	24	☽△☉	G
	5	38	☽✱♅	G
	8	50	♀✱♂	
	9	40	☽⚼☿	b
	16	18	♀♈	
	23	48	♂♒	
22	0	46	☽⊻♆	g
Tu	7	24	☿⊼♇	
	7	42	☽∠♅	b
	12	31	☽⊻♇	g
	12	40	☽△☿	G
	12	57	☉✱♅	
23	6	58	☽♒	
We	8	21	♀⊻♅	
	8	27	☽☌♂	B
	10	38	☽⊻♅	g
	10	51	☽✱♀	G
	12	18	☽□☉	B
	15	30	☽∠♇	b
	22	50	☽☍♃	B
24	1	40	☽#♄	B
Th	1	53	☽⚼♄	b
	5	15	♂±♄	
	6	58	☽☌♆	D
	11	15	☽∥♂	B
	14	54	☽#☿	G
	17	31	☽∠♀	b
	19	22	☽✱♇	G
	20	48	☽□☿	B
25	0	52	☽#♃	G
Fr	6	18	☽△♄	G
	6	47	☉⚼♇	
	11	21	♂⊻♅	
	12	18	☽∥♆	D
	15	02	☽♓	
	19	05	☽☌♅	B
	19	27	☽⊻♂	g
26	1	14	☽⊻♀	g
Sa	1	30	☽✱☉	G
	5	37	☽∥♇	D
	6	24	☽#☉	G
	6	30	☿∠♀	
	11	59	☿Stat	
	13	58	☉⊻♀	
	16	11	☽∥♅	B
	16	26	☽⊻♆	g
	17	44	☉#♇	
27	2	12	☽∠♂	b
Su	5	18	☽□♇	B
	7	04	☽✱☿	G
	9	26	☽∠☉	b

Day	h	m	Aspect	
	13	46	☽⚼♃	b
	17	18	☽□♄	B
	22	07	☽∠♆	b
28	1	54	☽♈	
Mo	6	16	☽⊻♅	g
	9	34	☽✱♂	G
	10	45	♀⊥♅	
	12	37	☽#♀	G
	12	39	☽∠☿	b
	18	00	☽⊻☉	g
	19	09	☽☌♀	G
	19	56	☽△♃	G
29	3	19	♀△♃	
Tu	4	13	☽✱♆	G
	6	18	☽∥♀	G
	12	31	☽∠♅	b
	16	12	♂∠♇	
	17	18	☽△♇	G
	18	19	☽⊻☿	g
	19	32	☉□♃	
30	5	42	☿⊥♄	
We	6	12	☽✱♄	G
	14	26	☽♉	
	19	01	☽✱♅	G
	23	43	☽⚼♇	b
MAY				
1	1	25	☽□♂	B
Th	1	43	☽#♅	B
	7	43	☿⊼♇	
	9	08	☽□♃	B
	12	15	☽☌☉	D
	12	46	☽#♇	D
	12	58	☽∠♄	b
	14	54	☽⊻♀	g
	17	09	☽□♆	B
	21	23	☽∥☉	G
	22	01	☉∠♄	
2	5	27	☽☌☿	G
Fr	6	51	☽#♆	D
	11	24	☿⊥♀	
	12	57	♀✱♆	
	18	01	☽∥♃	G
	18	31	☽∥☿	G
	19	46	☽⊻♄	g
3	0	14	☿∥♃	
Sa	0	54	☽∠♀	b
	2	58	☽#♂	B
	3	27	☽♊	
	8	11	☽□♅	B
	11	36	♀Q♄	
	17	34	☽△♂	G
	20	13	☽∥♄	B
	22	30	☽✱♃	G
4	0	18	☉□♆	
Su	6	02	☽△♆	G
	6	32	☽⊻☉	g
	8	54	☉±♇	
	10	39	☽✱♀	G
	15	39	☽⊻☿	g
	18	46	☽☍♇	B
5	1	15	☽⚼♂	b
Mo	4	49	☽∠♃	b
	6	50	☉Q♅	
	8	43	☽☌♄	B
	12	03	☽⚼♆	b
	15	08	☽∠☉	b
	15	42	☽♋	
	20	07	☽∠☿	b

Day	Time	Aspect	
	20 26	☽△♅	G
	21 31	☿⚺♀	
6	1 27	♀∠♅	
Tu	10 40	☽⚺♃	g
	23 02	☽⚹☉	G
7	0 03	☽⚹☿	G
We	1 47	☽⚼♅	b
	4 21	☽□♀	B
	7 20	☉☌☿	
	10 54	☿#♆	
	13 37	☉∥☿	
	17 34	♀△♇	
	18 05	☉#♆	
	19 37	☽⚺♄	g
8	1 46	☽♌	
Th	10 03	☽⚼♇	b
	17 36	♂☍♃	
	20 11	☽☌♃	G
	20 17	☽☍♂	B
	20 35	☽∥♄	B
	23 53	☽∠♄	b
9	2 16	☽☍♆	B
Fr	5 51	☽□☿	B
	11 53	☽□☉	B
	13 34	☽△♇	G
	17 00	☽#♂	B
	18 03	☽△♀	G
	21 29	☽∥♃	G
10	3 06	☽∥☉	G
Sa	3 13	☽⚹♄	G
	6 22	☽#♆	D
	7 07	☿Q♅	
	8 31	☽♍	
	10 28	☉∇♇	
	12 56	☽☍♅	B
	13 14	☽∥☿	G
	15 17	♀Q♂	
	22 06	☽#♇	D
	23 05	☽⚼♀	b
11	2 07	☽⚺♃	g
Su	7 46	☽#♅	B
	8 38	☽△☿	G
	17 53	☽□♇	B
	20 13	☽△☉	G
	21 20	☽∥♀	G
12	3 45	☽∠♃	b
Mo	6 31	☽⚼♂	b
	7 09	☽□♄	B
	8 42	☽⚼♆	b
	8 58	☽⚼☿	b
	9 32	☉⊥♄	
	9 57	☿±♇	
	11 37	♀Q♆	
	11 42	☽♎	
	16 30	☿□♆	
	22 53	☽⚼☉	b
13	2 30	♂⚼♄	
Tu	4 38	☽⚹♃	G
	8 07	☽△♂	G
	9 16	☽△♆	G
	16 22	☽⚼♅	b
	17 19	☿□♂	
	19 07	☽⚹♇	G
	19 49	☉∥♃	
14	5 21	☿∠♄	
We	8 08	☽☍♀	B
	8 13	☽△♄	G
	9 15	♀⚹♄	
	12 14	☽♏	
	12 29	☽#♀	G
	14 36	♂☌♆	
	16 21	☽△♅	G
	19 00	☽∠♇	b
	20 39	☽∥♅	B
	23 27	☉#♂	
15	4 57	☽□♃	B
Th	5 30	☽∥♇	D
	5 47	☽#☿	G
	7 19	☽☍☿	B
	8 11	☽⚼♄	b
	9 07	☽□♆	B
	9 49	☽□♂	B
	10 47	☿#♇	
	18 41	☽⚺♇	g
	19 38	☽∥♆	D
16	0 50	♆Stat	
Fr	2 33	☽#♃	G
	3 33	☽∥♂	B
	3 36	☽☍☉	B
	5 41	☽#☉	G
	10 58	♀♉	
	11 43	☽♐	
	15 53	☽□♅	B
17	1 17	☽#♄	B
Sa	4 54	☽△♃	G
	8 44	☽⚹♆	G
	11 18	☽⚹♂	G
	13 51	☽⚼♀	b
	18 26	☽☌♇	D
18	5 21	☽⚼♃	b
Su	5 57	☽⚼☿	b
	8 41	☽☍♄	B
	9 04	☽∠♆	b
	10 29	♂#♃	
	12 03	☽♑	
	12 39	☽∠♂	b
	15 39	♀⚹♅	
	16 27	☽⚹♅	G
	16 31	☽△♀	G
19	6 38	☽△☿	G
Mo	9 46	☽⚼☉	b
	10 02	☽⚺♆	g
	10 16	♀#♅	
	11 25	☉⚺♄	
	14 45	☽⚺♂	g
	17 41	☽∠♅	b
	20 11	☽⚺♇	g
	21 00	♀⚼♇	
	23 46	☿□♃	
20	7 08	♄⚼♆	
Tu	7 32	☿Stat	
	13 29	☽△☉	G
	15 01	☽♒	
	15 30	☉Q♃	
	19 46	☽⚺♅	g
	22 17	☽∠♇	b
21	0 50	☽□♀	B
We	8 38	☽#♄	B
	10 55	☽□☿	B
	11 10	☽☍♃	B
	11 12	☉♊	
	14 33	☽☌♆	D
	14 50	☽⚼♄	b
	15 50	☿∥♀	
	21 53	☽☌♂	B
22	0 02	☽#☉	G
Th	1 21	☽⚹♇	G
	12 25	☽#♃	G
	14 31	☽∥♂	B
	18 49	☽△♄	G
	19 25	☽∥♆	D
	21 41	☽♓	
23	0 31	☽□☉	B
Fr	2 51	☽☌♅	B
	12 39	☽∥♇	D
	14 10	☽⚹♀	G
	15 11	☽#♀	G
	19 38	☽#☿	G
	19 50	☽⚹☿	G
	22 53	☽⚺♆	g
	23 40	☽∥♅	B
24	1 25	☿□♃	
Sa	7 37	☉□♅	
	9 20	☽⚺♂	g
	10 19	☽□♇	B
	21 54	♀#♇	
	22 39	☽∠♀	b
25	1 36	☽⚼♃	b
Su	1 59	☽∠☿	b
	4 20	☽∠♆	b
	5 33	☽□♄	B
	6 55	♂⚹♇	
	7 59	☽♈	
	13 28	☽⚺♅	g
	16 02	☽⚹☉	G
	16 24	☽∠♂	b
26	7 29	♀□♃	
Mo	7 58	☽△♃	G
	8 01	☽⚺♀	g
	9 03	☽⚺☿	g
	10 22	☽⚹♆	G
	19 41	☽∠♅	b
	22 08	☽△♇	G
27	0 02	☽⚹♂	G
Tu	0 04	☿☌♀	
	0 56	☽∠☉	b
	3 18	♀±♇	
	7 01	♀□♆	
	7 38	☿±♇	
	16 17	☿□♆	
	18 41	☽⚹♄	G
	20 32	☽♉	
28	2 12	☽⚹♅	G
We	2 18	♀∠♄	
	4 33	☽⚼♇	b
	7 04	☽#♅	B
	10 09	☽⚺☉	g
	13 12	☽∥☿	G
	15 12	♀Q♅	
	18 37	☽#♇	D
	21 39	☽□♃	B
	23 18	☽□♆	B
29	0 57	☽☌☿	G
Th	1 33	☽∠♄	b
	3 18	☽∥♀	G
	3 57	☽●♀	G
	13 03	☽#♆	D
	13 13	☽#♂	B
	14 32	☿∠♄	
	15 53	☽□♂	B
	18 47	♂∥♆	
	18 48	☽∥♃	G
30	7 10	☿Q♅	
Fr	8 20	☽⚺♄	g
	9 32	☽♊	
	15 10	☽□♅	B
	20 55	☽∥☉	G
31	3 08	☽∥♄	B
Sa	4 20	☽☌●	D
	11 05	☽⚹♃	G
	11 56	☽△♆	G
	17 27	☽⚺☿	g
	23 18	♀∇♇	
	23 21	☽☍♇	B
	23 21	☽⚺♀	g
JUNE			
1	6 53	☽△♂	G
Su	17 17	☽∠♃	b
	17 44	☽⚼♆	b
	20 55	☽☌♄	B
	21 27	☽♋	
	22 05	♀#♂	
2	1 23	☽∠☿	b
Mo	2 59	☽△♅	G
	4 01	☿#♇	
	8 10	☽∠♀	b
	13 39	☽⚼♂	b
	20 44	☽⚺☉	g
	23 00	☽⚺♃	g
3	1 25	♀#♆	
Tu	2 57	♃☍♆	
	8 09	☽⚼♅	b
	8 54	☽⚹☿	G
	16 27	☽⚹♀	G
	22 35	☿∇♇	
4	1 27	♄♋	
We	2 27	☉△♆	
	3 54	☽∠☉	b
	7 14	☉⚹♃	
	7 25	☽♌	
	7 29	☽⚺♄	g
	14 29	☽⚼♇	b
5	1 34	☽∥♄	B
Th	2 29	☽∥☉	G
	3 27	♀∥♃	
	7 55	☽☍♆	B
	8 24	♀⊥♄	
	8 36	☽☌♃	G
	10 17	☽⚹☉	G
	11 48	☽∠♄	b
	18 19	☽△♇	G
	22 12	☽□☿	B
	23 53	♀□♂	
6	5 24	☉∥♄	
Fr	5 55	☽☍♂	B
	6 18	☽□♀	B
	6 50	☽∥♀	G
	9 06	☽∥♃	G
	12 23	☽#♆	D
	14 51	☽♍	
	15 26	☽⚹♄	G
	17 18	☽#♂	B
	19 55	☽☍♅	B
	21 19	☽∥☿	G
7	4 54	☽#♇	D
Sa	6 52	♅Stat	
	14 59	☽#♅	B
	15 25	☽⚺♃	g
	20 28	☽□☉	B
	23 54	☽□♇	B
8	8 36	☽△☿	G
Su	10 58	☿#♂	
	16 08	☽⚼♆	b
	16 27	☽△♀	G
	17 46	☽∠♃	b
	19 30	☽♎	
	20 32	☽□♄	B
9	3 31	☿⊥♄	
Mo	12 41	☽⚼☿	b
	15 16	☽⚼♂	b
	17 32	☽△♆	G
	19 26	☽⚹♃	G
	20 13	☽⚼♀	b
	20 43	☉☍♇	
10	1 32	☽⚼♅	b
Tu	2 50	☽⚹♇	G
	3 17	☽△☉	G
	3 32	♀♊	
	17 00	☽△♂	G
	20 38	♀⚺♄	
	21 39	☽♏	
	23 05	☽△♄	G
11	2 15	☽△♅	G
We	3 29	☽∠♇	b
	5 41	☽⚼☉	b
	5 48	☿□♂	
	5 50	☿#♆	
	6 00	☽∥♅	B
	15 11	☽∥♇	D
	18 48	☽□♆	B
	21 14	☽□♃	B
	23 03	☽∥♂	B
	23 41	☽⚼♄	b
12	0 24	☿∥♃	
Th	3 46	☽⚺♇	g
	6 04	♀Q♃	
	6 05	☽∥♆	D
	7 35	☽#♃	G
	8 20	☽#☿	G
	10 56	♀□♅	
	19 11	☽□♂	B
	20 26	☽#♀	G
	21 51	☽☍☿	B
	22 12	☽♐	
13	1 34	☿♊	
Fr	2 43	☽□♅	B
	4 07	☽☍♀	B
	12 21	☽#♄	B
	16 24	☽#☉	G
	19 04	☽⚹♆	G
	21 57	☿⚺♄	
	22 05	☽△♃	G
14	3 58	☽☌♇	D
Sa	11 16	☽☍☉	B
	19 18	☽∠♆	b
	21 04	☽⚹♂	G
	22 04	☿□♅	
	22 38	☽♑	
	22 40	☽⚼♃	b
15	0 56	☽☍♄	B
Su	1 51	☿Q♃	
	3 12	☽⚹♅	G
	19 55	☽⚺♆	g
	22 31	☽∠♂	b
16	4 01	☽∠♅	b
Mo	5 05	☽⚺♇	g
	7 46	☽⚼☿	b
	12 22	☽⚼♀	b
17	0 38	☽⚺♂	g
Tu	0 41	☽♒	
	2 25	♂♓	
	5 28	☽⚺♅	g
	6 33	☽∠♇	b
	11 28	☽#☉	G

Date	Time	Aspect	
	12 49	☽△☿	G
	16 36	☽△♀	G
	17 09	☽#♄	B
	20 10	☽⚼☉	b
	23 08	☽☌♆	D
18 We	0 24	♂Q♇	
	3 04	☽#♀	G
	3 52	☽☍♃	B
	4 29	♃#♆	
	6 05	☽⚼♄	b
	8 51	☽✶♇	G
	9 08	☽#☿	G
19 Th	1 08	☽△☉	G
	2 58	☽∥♆	D
	3 15	☽#♃	G
	5 57	☽♓	
	7 39	☽☌♂	B
	9 35	☽△♄	G
	11 03	☽☌♅	B
	13 49	☉⚼♆	
	15 09	☽∥♂	B
	20 21	☽∥♇	D
20 Fr	3 32	☽□☿	B
	4 49	☽□♀	B
	5 59	☽⊻♆	g
	6 58	☽∥♅	B
	16 23	☽□♇	B
	16 52	♀△♆	
	20 33	☿△♆	
21 Sa	3 53	☿☌♀	
	10 52	☽∠♆	b
	14 45	☽□☉	B
	15 06	☽♈	
	17 29	☽⚼♃	b
	18 52	☽⊻♂	g
	19 10	☉♋	
	19 36	☽□♄	B
	20 29	☽⊻♅	g
22 Su	16 33	☽✶♆	G
	17 55	☿✶♃	
	22 03	☽✶♀	G
	23 01	☿∥♀	
	23 49	☽△♃	G
23 Mo	0 51	☽✶☿	G
	1 47	☽∠♂	b
	2 24	☽∠♅	b
	3 28	☽△♇	G
	4 21	♂△♄	
	9 18	☉∠♃	
	16 45	☿☍♇	
	18 07	♀✶♃	
	20 02	♂☌♅	
24 Tu	3 15	☽♉	
	7 54	☽∠♀	b
	8 11	☽✶☉	G
	8 34	☽✶♄	G
	8 45	☽✶♅	G
	9 11	☽✶♂	G
	9 48	☽⚼♇	b
	10 09	☿∥♄	
	13 16	☽∠☿	b
	13 39	☉☌♄	
	13 43	☽#♅	B
	15 08	☉△♅	
	23 33	♄△♅	
25 We	1 00	☽#♇	D
	1 58	♀☍♇	
	3 54	☉△♂	
	4 01	☽#♂	B

Date	Time	Aspect	
	5 16	☽□♆	B
	13 41	☽□♃	B
	15 27	☽∠♄	b
	17 24	☽∠☉	b
	17 34	☽∥♃	G
	17 57	☽⊻♀	g
	20 08	☽#♆	D
26 Th	2 04	☽⊻☿	g
	11 02	♀∥♄	
	16 13	☽♊	
	19 40	☉∥☿	
	21 36	☽□♅	B
	22 10	☽⊻♄	g
27 Fr	0 02	☽□♂	B
	2 24	☽⊻☉	g
	9 44	☽∥♄	B
	10 47	☽∥♀	G
	15 49	☽∥☉	G
	17 46	☽△♆	G
	18 17	☽∥☿	G
28 Sa	3 03	☽✶♃	G
	4 30	☽☍♇	B
	8 25	☿⚼♆	
	13 00	☽☌♀	G
	19 50	☉±♆	
	23 22	☽⚼♆	b
29 Su	2 31	☽☌☿	G
	3 52	☽♋	
	8 59	☽△♅	G
	8 59	☽∠♃	b
	10 14	☽☌♄	B
	10 17	☿♋	
	13 07	☽△♂	G
	18 39	☽☌☉	D
30 Mo	13 49	☽⚼♅	b
	14 18	☽⊻♃	g
	15 27	☿△♅	
	18 40	☽⚼♂	b
	18 42	☿∠♃	
JULY			
1 Tu	1 14	☿☌♄	
	5 08	☽⊻♀	g
	8 09	☉∥♀	
	12 39	♃△♇	
	13 13	☽♌	
	16 54	☽∥☿	G
	18 53	☽⚼♇	b
	19 55	☽⊻♄	g
	23 27	☽⊻☿	g
2 We	0 05	☿△♂	
	2 00	☽∥♀	G
	2 53	☽∥☉	G
	6 37	☽∥♄	B
	7 53	☽⊻☉	g
	11 59	☽∠♀	b
	12 00	☿±♆	
	12 39	☽☍♆	B
	18 57	♀⚼♆	
	22 31	☽△♇	G
	23 05	☽☌♃	G
	23 51	☽∠♄	b
3 Th	7 28	♂∥♇	
	8 29	☽∠☿	b
	13 27	☽∠☉	b
	16 33	☽#♆	D
	18 06	☽✶♀	G
	20 16	☽♍	
	21 29	☽∥♃	G

Date	Time	Aspect	
4 Fr	0 50	☽☍♅	B
	3 15	☽✶♄	G
	7 28	☽☍♂	B
	9 44	☽#♇	D
	10 02	☽#♂	B
	16 39	☽✶☿	G
	17 38	♀♋	
	18 22	☽✶☉	G
	19 25	☽#♅	B
	23 28	☉∇♆	
5 Sa	3 52	☉⊥♃	
	4 15	☽□♇	B
	5 30	☿∇♆	
	5 40	☽⊻♃	g
	7 51	☿⊥♃	
	10 20	☉☌☿	
	21 04	☽⚼♆	b
6 Su	1 20	☽♎	
	4 25	☽□♀	B
	8 14	☽∠♃	b
	8 35	☽□♄	B
	18 21	♀△♅	
	22 59	☽△♆	G
7 Mo	2 32	☽□☉	B
	6 38	☽□☿	B
	7 27	☽⚼♅	b
	8 11	☽✶♇	G
	10 23	☽✶♃	G
	11 55	☿⚼♅	
	15 20	☉∥♄	
	15 27	☽⚼♂	b
	16 43	☿∇♇	
8 Tu	4 43	☽♏	
	7 15	♀∠♃	
	8 30	♀☌♄	
	8 51	☽△♅	G
	9 24	☿⊻♃	
	9 35	☽∠♇	b
	12 13	☽△♄	G
	12 32	☽△♀	G
	13 29	☽∥♅	B
	17 15	☽△♂	G
	21 18	☽∥♂	B
	22 27	☽∥♇	D
9 We	1 41	☽□♆	B
	2 43	♃∠♄	
	8 01	☿∥♀	
	8 14	☽#♃	G
	8 49	☽△☉	G
	10 39	☽⊻♇	g
	13 32	☽⚼♄	b
	13 35	☽□♃	B
	14 27	☽∥♆	D
	15 56	☽⚼♀	b
	17 58	☽△☿	G
	23 31	☿⚼♂	
10 Th	0 12	♀±♆	
	1 11	☉⚼♅	
	6 48	☽♐	
	10 46	☽□♅	B
	11 28	☽⚼☉	b
	11 55	☉∇♇	
	11 59	☿±♇	
	18 17	☽#☉	G
	19 56	☽□♂	B
	20 37	☽#♄	B
	22 54	☽#☿	G
	22 58	☽⚼☿	b
11	2 10	☽#♀	G

Date	Time	Aspect	
Fr	3 20	☽✶♆	G
	7 28	♀△♂	
	12 13	☽☌♇	D
	15 53	☽△♃	G
	17 17	☿±♅	
	21 48	☿∥♄	
12 Sa	4 03	☽∠♆	b
	8 21	☽♑	
	12 14	☽✶♅	G
	16 36	☽☍♄	B
	17 03	☽⚼♃	b
	22 17	☽✶♂	G
13 Su	1 15	☽☍♀	B
	2 49	☉⊻♃	
	4 55	☽⊻♆	g
	12 10	☿♌	
	13 11	☽∠♅	b
	13 56	☽⊻♇	g
	19 21	☽☍☉	B
	20 05	☉∥☿	
	23 47	☽∠♂	b
14 Mo	10 38	☽♒	
	14 21	☽☍☿	B
	14 33	☽⊻♅	g
	15 19	☽∠♇	b
	15 42	☿∇♅	
	19 25	♀∇♆	
	21 11	☿⚼♇	
	21 39	☿±♂	
	22 24	☽#♀	G
15 Tu	1 46	☽⊻♂	g
	2 47	☽#♄	B
	7 52	☽☌♆	D
	9 30	☽#☉	G
	12 53	☽#☿	G
	17 20	☽✶♇	G
	22 02	☽⚼♄	b
	22 57	☽☍♃	B
16 We	6 21	☿⊻♄	
	10 47	☽∥♆	D
	14 23	☽⚼♀	b
	15 13	☽♓	
	15 42	☉±♇	
	19 16	☽☌♅	B
	20 13	☽#♃	G
17 Th	1 18	☽△♄	G
	2 19	♀⊥♃	
	3 08	☉⚼♂	
	4 30	☽∥♇	D
	6 40	☽∥♂	B
	8 00	☽☌♂	B
	8 20	☽⚼☉	b
	13 43	☽⊻♆	g
	14 09	☽∥♅	B
	20 51	☽△♀	G
	23 49	☽□♇	B
18 Fr	7 36	☿∇♂	
	13 17	☽⚼☿	b
	14 49	☽△☉	G
	18 00	♀⚼♅	
	18 00	☽∠♆	b
	23 20	☽♈	
19 Sa	3 25	♀∇♇	
	3 31	☽⊻♅	g
	5 28	☉±♅	
	10 40	☽□♄	B
	12 14	☽⚼♃	b
	16 27	☿⊥♄	
	17 54	☽⊻♂	g

Date	Time	Aspect	
	20 58	☿☍♆	
	23 11	☽✶♆	G
	23 35	☽△☿	G
20 Su	8 57	☽∠♅	b
	9 57	☽△♇	G
	13 29	☽□♀	B
	16 30	♀∥♄	
	18 30	☽△♃	G
21 Mo	0 04	☽∠♂	b
	7 01	☽□☉	B
	10 48	☽♉	
	15 01	☽✶♅	G
	16 04	☽⚼♇	b
	21 34	☽#♅	B
	23 15	☽✶♄	G
22 Tu	0 06	♄±♆	
	5 40	☽#♂	B
	6 41	☽✶♂	G
	7 56	☽#♇	D
	11 26	☽□♆	B
	13 58	☿#♆	
	14 55	☽∥♃	G
	21 37	☿△♇	
	22 39	☽□☿	B
	23 25	♀⊻♃	
23 We	2 00	☽∥☿	G
	3 47	☽#♆	D
	6 04	☉♌	
	6 04	☽∠♄	b
	8 22	☽□♃	B
	9 14	☽✶♀	G
	21 24	☽∥☉	G
	22 54	♀±♇	
	23 42	☽♊	
24 Th	1 15	☽✶☉	G
	3 45	☽□♅	B
	10 53	☽∥♀	G
	12 45	☽⊻♄	g
	15 29	☽∥♄	B
	19 02	☽∠♀	b
	19 51	☽□♂	B
25 Fr	0 00	☽△♆	G
	3 14	♀⚼♂	
	5 46	☿∠♄	
	7 31	☉∇♅	
	9 56	☽∠☉	b
	10 53	☽☍♇	B
	20 52	☽✶☿	G
	21 25	♀±♅	
	21 38	☽✶♃	G
	21 41	☉⚼♇	
26 Sa	3 17	☿☌♃	
	4 09	☽⊻♀	g
	5 36	☽⚼♆	b
	11 23	☽♋	
	15 07	☽△♅	G
	17 34	☿∥♃	
	17 51	☽⊻☉	g
27 Su	0 29	☽☌♄	B
	3 18	☽∠♃	b
	6 24	☽∠☿	b
	6 53	☽△♂	G
	13 23	☉±♂	
	19 46	☽⚼♅	b
28 Mo	7 31	☿#♇	
	8 11	☽⊻♃	g
	11 14	☽⚼♂	b
	14 41	☽⊻☿	g
	16 56	☿#♂	

Date	Time	Aspect	
	19 25	☽☌♀	G
	20 17	☽♌	
29	0 51	☽⚼♇	b
Tu	4 25	♀♌	
	6 53	☽☌☉	D
	7 37	♂Stat	
	9 14	☽⚺♄	g
	13 48	☽∥♄	B
	18 08	☽☍♆	B
30	1 32	☽∥♀	G
We	4 06	☽△♇	G
	12 33	☽∠♄	b
	14 05	☿♍	
	14 24	☽∥☉	G
	15 15	♀⚻♅	
	15 46	☽☌♃	G
	19 23	☉⚺♄	
	21 14	☽#♆	D
31	2 27	☽♍	
Th	3 58	☽☌☿	G
	4 10	♀⚼♇	
	5 34	☽☍♅	B
	7 02	☽⚺♀	g
	7 37	☿#♅	
	11 39	☽∥♃	G
	14 42	☽#♇	D
	15 14	☽#♂	B
	15 21	☽✱♄	G
	16 40	☽⚺☉	g
	18 23	☿☍♅	
	20 12	☽☍♂	B
	23 21	☽#♅	B
AUGUST			
1	1 28	☽∥☿	G
Fr	9 01	☽□♇	B
	11 40	♀±♂	
	11 53	☽∠♀	b
	20 45	☽∠☉	b
	21 13	☽⚺♃	g
2	1 22	☽⚼♆	b
Sa	6 48	☽♎	
	14 20	☽⚺☿	g
	16 06	♂∥♇	
	16 20	☽✱♀	G
	17 13	☉⚻♂	
	19 50	☽□♄	B
	23 29	☽∠♃	b
3	0 31	☽✱☉	G
Su	3 08	☽△♆	G
	11 24	☽⚼♅	b
	12 42	☽✱♇	G
	18 54	☽∠☿	b
4	1 32	☽⚼♂	b
Mo	1 33	☽✱♃	G
	8 32	☽#☿	G
	10 12	☽♏	
	11 45	♀⚺♄	
	12 57	☽△♅	G
	13 55	☉☍♆	
	14 01	☉#♆	
	14 17	☽∠♇	b
	19 30	☽∥♅	B
	23 11	☽✱☿	G
	23 32	☽△♄	G
5	0 33	☽□♀	B
Tu	2 56	☽△♂	G
	3 12	☿✱♄	
	3 41	☽∥♇	D

Date	Time	Aspect	
	4 24	☽∥♂	B
	5 03	☽#♃	G
	6 14	☽□♆	B
	7 28	☽□☉	B
	15 46	☽⚺♇	g
	18 52	☽#☉	G
	20 28	☽∥♆	D
6	1 13	☽⚼♄	b
We	2 02	♀⚻♂	
	4 07	☽#♀	G
	5 22	☽□♃	B
	5 29	♂#♃	
	13 11	☽♐	
	13 12	☿☍♂	
	15 47	☽□♅	B
	22 37	☉⊥♄	
7	1 13	☽#♄	B
Th	5 28	☽□♂	B
	7 12	☽□☿	B
	8 19	☽△♀	G
	9 01	☽✱♆	G
	14 02	☽△☉	G
	16 18	♀☍♆	
	18 35	☽☌♇	D
8	3 38	☿⚻♆	
Fr	9 01	☽△♃	G
	10 24	☽∠♆	b
	12 10	☽⚼♀	b
	16 02	☽♑	
	17 19	☽⚼☉	b
	18 30	☽✱♅	G
9	6 11	☽☍♄	B
Sa	6 36	♃#♇	
	7 56	☽✱♂	G
	10 55	☽⚼♃	b
	11 53	☽⚺♆	g
	14 57	☽△☿	G
	20 01	☽∠♅	b
	20 18	♀⊥♄	
	21 35	☽⚺♇	g
10	8 40	☉△♇	
Su	9 22	☽∠♂	b
	18 15	♀#♆	
	19 02	☽⚼☿	b
	19 23	☽♒	
	21 46	☽⚺♅	g
	23 25	☽∠♇	b
11	11 05	☽⚺♂	g
Mo	12 36	☽#♄	B
	15 35	☽☌♆	D
12	1 17	☽☍♀	B
Tu	1 39	☽✱♇	G
	4 48	☽☍☉	B
	5 18	♀△♇	
	12 57	☽⚼♄	b
	18 23	☽∥♆	D
	18 35	☽☍♃	B
	22 22	☽#♀	G
13	0 19	☽♓	
We	2 38	☽☌♅	B
	2 55	♂△♄	
	2 59	☿□♇	
	6 59	☽#☉	G
	8 39	☽∥♂	B
	8 49	☿±♆	
	12 27	☽∥♇	D
	14 01	☽#♃	G
	16 01	☽☌♂	B
	16 19	☽△♄	G

Date	Time	Aspect	
	20 58	☽∥♅	B
	21 21	☽⚺♆	g
14	4 26	☉#♂	
Th	8 01	☽□♇	B
	10 29	☽☍☿	B
15	1 20	☽∠♆	b
Fr	8 00	☽♈	
	10 17	☽⚺♅	g
	14 34	☽#☿	G
	21 08	☽⚼♀	b
	22 48	☽⚼☉	b
	23 45	☽⚺♂	g
16	1 27	☽□♄	B
Sa	6 10	☽✱♆	G
	8 21	☽⚼♃	b
	8 26	☽∥☿	G
	15 20	☽∠♅	b
	17 33	☽△♇	G
	22 50	☉#♇	
17	4 44	☽∠♂	b
Su	5 55	☽△♀	G
	6 49	☽△☉	G
	7 00	☿Q♄	
	11 20	♀#♂	
	12 44	☉∠♄	
	14 36	☽△♃	G
	18 52	☽♉	
	19 52	♀∠♄	
	21 05	☽✱♅	G
	23 26	☽⚼♇	b
18	6 12	☽#♅	B
Mo	9 05	☽⚼☿	b
	10 17	☽✱♂	G
	11 38	☽∥♃	G
	12 44	☽∥☉	G
	13 40	☽✱♄	G
	15 21	☽#♇	D
	17 54	☽□♆	B
	18 04	☉☌♀	
	18 40	☽∥♀	G
	22 09	☽#♂	B
19	9 55	☉∥♃	
Tu	11 32	☽#♆	D
	17 32	☽△☿	G
	20 24	☽∠♄	b
20	0 48	☽□☉	B
We	1 36	☽□♀	B
	4 29	☽□♃	B
	7 38	♀#♇	
	7 41	☽♊	
	9 43	☽□♅	B
	20 24	☽∥♄	B
	21 59	☽□♂	B
21	3 04	☽⚺♄	g
Th	6 37	☽△♆	G
	10 23	♀☌♃	
	18 29	☽☍♇	B
22	7 37	☉#♅	
Fr	9 12	☽□☿	B
	10 08	☉☌♃	
	11 35	♀♍	
	12 29	☽⚼♆	b
	17 45	☽✱♃	G
	18 15	☽✱☉	G
	19 44	☽♋	
	20 26	♀∥♃	
	20 39	☽✱♀	G
	21 30	☽△♅	G
23	4 49	♀☍♅	

Date	Time	Aspect	
Sa	8 18	☽△♂	G
	13 08	☉♍	
	14 49	☽☌♄	B
	23 18	☽∠♃	b
24	1 41	☽∠☉	b
Su	2 20	☽⚼♅	b
	4 45	☽∠♀	b
	9 38	♀#♅	
	10 02	☉☍♅	
	12 20	☽⚼♂	b
	20 51	☽✱☿	G
25	3 55	☽⚺♃	g
Mo	4 48	☽♌	
	7 58	☽⚺☉	g
	8 55	☽⚼♇	b
	11 38	☽⚺♀	g
	23 08	☽⚺♄	g
	23 47	☽∥♄	B
26	0 53	☽∠☿	b
Tu	1 14	☽☍♆	B
	12 00	☽△♇	G
	22 17	♀☍♂	
	22 29	☿⚼♆	
27	2 00	☽∠♄	b
We	3 52	☽⚺☿	g
	4 10	☽#♆	D
	9 26	♃♍	
	10 27	☽♍	
	10 28	☽☌♃	G
	11 41	☽☍♅	B
	12 24	☽#♂	B
	17 26	☽☌☉	D
	19 35	☽☍♂	B
	21 33	☽#♇	D
	22 06	☽☌♀	G
28	4 07	☽∥♃	G
Th	4 10	☽✱♄	G
	5 01	☽#♅	B
	12 56	☽∥♀	G
	13 41	☿Stat	
	14 18	☽∥☉	G
	16 05	☽□♇	B
	17 59	☉☍♂	
29	3 25	♇Stat	
Fr	7 10	☽⚼♆	b
	7 26	☽☌☿	G
	13 41	☽♎	
	14 30	☽⚺♃	g
	18 50	☽#☿	G
30	0 10	☽⚺☉	g
Sa	4 37	♃☍♅	
	5 51	☽⚺♀	g
	7 16	☽□♄	B
	8 22	☽△♆	G
	12 28	☽∥☿	G
	13 51	♃#♅	
	15 52	☽⚼♅	b
	16 01	☿⚼♆	
	16 04	☽∠♃	b
	18 37	☽✱♇	G
	22 19	☽⚼♂	b
	23 23	♀✱♄	
31	3 08	☽∠☉	b
Su	9 11	☽⚺☿	g
	9 22	☽∠♀	b
	10 21	♀⚻♆	
	10 59	☉∥♀	
	12 26	☽#♀	G
	12 27	☽#☉	G

Date	Time	Aspect	
	16 00	☽♏	
	16 55	☽△♅	G
	17 35	☽✱♃	G
	19 45	☽∠♇	b
	22 59	☽△♂	G
SEPTEMBER			
1	1 15	☽#♃	G
Mo	1 48	☽∥♅	B
	6 06	☽✱☉	G
	8 56	☽∥♇	D
	9 46	☽∠☿	b
	9 52	☽△♄	G
	10 34	☽□♆	B
	12 55	☽✱♀	G
	19 20	☽∥♂	B
	20 57	☽⚺♇	g
2	1 40	☽∥♆	D
Tu	10 18	☽✱☿	G
	11 19	☽⚼♄	b
	18 32	☽♐	
	19 19	☽□♅	B
	20 55	☽□♃	B
3	0 42	☽□♂	B
We	3 49	☽#♄	B
	12 34	☽□☉	B
	13 16	☽✱♆	G
	18 48	☉✱♄	
	20 40	☽□♀	B
	22 31	☉⚻♆	
	23 55	☽☌♇	D
4	11 23	☽□☿	B
Th	14 56	☽∠♆	b
	21 51	☽♑	
	22 31	☽✱♅	G
5	1 06	☽△♃	G
Fr	3 14	☽✱♂	G
	4 19	♀±♆	
	5 11	♄⚻♆	
	9 30	♀□♇	
	16 37	☿Q♄	
	16 52	☽⚺♆	g
	16 58	☽☍♄	B
	20 09	☽△☉	G
6	0 30	☽∠♅	b
Sa	3 36	☽⚼♃	b
	3 50	☽⚺♇	g
	4 53	☽∠♂	b
	5 39	☽△♀	G
	12 43	☽△☿	G
7	0 28	☽⚼☉	b
Su	2 15	☽♒	
	2 46	☽⚺♅	g
	6 14	☽∠♇	b
	6 51	☽⚺♂	g
	10 44	☽⚼♀	b
	13 35	☽⚼☿	b
	19 59	♂☍♃	
	21 39	☽☌♆	D
	21 41	☽#♄	B
8	5 35	☿☌♀	
Mo	9 01	☽✱♇	G
9	1 15	☽∥♆	D
Tu	1 21	☽⚼♄	b
	6 44	☽∥♂	B
	8 07	☽♓	
	8 30	☽☌♅	B
	12 00	☽•♂	B
	13 20	☽☍♃	B

Day	h	m	Aspect	
	19	30	☽∥♇	D
	23	45	☉±♆	
10	3	07	☽∥♅	B
We	4	08	☽⊻♆	g
	5	05	☽△♄	G
	7	28	☽#♃	G
	8	17	♀Q♄	
	9	35	☉□♇	
	16	04	☽□♇	B
	16	36	☽☍☉	B
	17	56	☽☍☿	B
11	1	57	☉☌☿	
Th	5	41	☽☍♀	B
	8	15	☽∠♆	b
	12	12	☽#☉	G
	16	09	☽♈	
	16	24	☽⊻♅	g
	17	44	☿□♇	
	18	19	☽#♀	G
	19	20	☽⊻♂	g
	23	05	☽#☿	G
12	4	51	☿±♆	
Fr	7	24	♀⚼♆	
	13	01	☽✱♆	G
	14	27	☽□♄	B
	19	00	☽∥☿	G
	19	20	☽∥♀	G
	20	50	☿∥♀	
	21	19	☽∠♅	b
	23	59	☽∠♂	b
13	1	18	☽∥☉	G
Sa	1	40	☽△♇	G
	4	17	☽⚼♃	b
14	2	50	☽♉	
Su	2	54	☽✱♅	G
	2	59	☽⚼☿	b
	5	18	☽✱♂	G
	7	26	☽⚼♇	b
	8	17	☉∥☿	
	8	33	☽∥♃	G
	10	38	☽△♃	G
	14	58	☽#♅	B
	15	41	☽⚼☉	b
	23	05	☽#♇	D
15	0	29	☽□♆	B
Mo	2	26	☽✱♄	G
	3	47	♅♒	
	7	19	☽△☿	G
	8	13	☽⚼♀	b
	13	04	☽#♂	B
	15	37	♀▽♅	
	15	58	♀♎	
	19	04	☽#♆	D
16	0	47	☽△☉	G
Tu	9	05	☽∠♄	b
	9	25	♀▽♂	
	15	25	☽□♅	B
	15	32	☽♊	
	17	17	☽□♂	B
	18	19	☽△♀	G
17	0	35	☽□♃	B
We	1	03	☽∥♄	B
	4	36	☉Q♄	
	13	22	☽△♆	G
	15	46	☽⊻♄	g
	17	28	☽□☿	B
18	2	45	☽☍♇	B
Th	19	03	☽□☉	B
	19	34	☽⚼♆	b

Day	h	m	Aspect	
19	1	21	☉⚼♆	
Fr	3	50	☽△♅	G
	4	07	☽♋	
	5	14	☽△♂	G
	13	44	☽□♀	B
	13	59	☽✱♃	G
	16	41	♀⊻♃	
	23	33	♀Q♇	
20	3	53	☽☌♄	B
Sa	4	08	☽✱☿	G
	8	19	♀±♅	
	8	52	☿Stat	
	9	01	☉#♀	
	9	11	☽⚼♅	b
	10	23	☽⚼♂	b
	19	35	♀±♂	
	19	37	☽∠♃	b
21	8	57	☽∠☿	b
Su	10	21	☽✱☉	G
	14	03	☽♌	
	18	29	☽⚼♇	b
22	0	14	☽⊻♃	g
Mo	5	05	☽✱♀	G
	9	40	☽☍♆	B
	11	22	☽∥♄	B
	12	32	☽⊻♄	g
	13	11	☽⊻☿	g
	16	11	☽∠☉	b
	21	51	☽△♇	G
23	4	00	☉▽♅	
Tu	10	46	☽∠♀	b
	10	47	☉♎	
	13	26	☽#♆	D
	15	21	☽∠♄	b
	15	54	☉▽♂	
	19	33	☽☍♅	B
	20	04	☽♍	
	20	07	☽#♂	B
	20	25	☽☍♂	B
	20	47	☽⊻☉	g
24	5	03	♀△♆	
We	6	23	☽☌♃	G
	6	31	☽#♇	D
	13	15	☽#♅	B
	15	15	☽⊻♀	g
	17	17	☽✱♄	G
	19	44	☽☌☿	G
	22	24	☽∥♃	G
25	1	52	☽□♇	B
Th	10	59	☽∥☿	G
	11	48	♀⊥♃	
	15	21	♀□♄	
	15	31	☽⚼♆	b
	21	37	☽#♀	G
	22	49	☽♎	
26	3	09	☽☌☉	D
Fr	8	10	☽#☉	G
	9	22	☽⊻♃	g
	16	13	☽△♆	G
	16	50	☽∥☉	G
	19	17	☽□♄	B
	21	46	☽☌♀	G
	22	47	☽⚼♅	b
	23	38	☽⚼♂	b
27	0	32	☽⊻☿	g
Sa	3	27	☽✱♇	G
	5	10	☽∥♀	G
	7	52	♂Stat	
	9	36	♀⚼♅	

Day	h	m	Aspect	
	10	13	☽∠♃	b
	11	51	☽#☿	G
	19	51	♀⚼♂	
	21	14	☿±♆	
	23	10	☽△♅	G
	23	52	☽♏	
28	0	04	☽△♂	G
Su	0	23	☽#♃	G
	2	51	☽∠☿	b
	3	54	☽∠♇	b
	7	38	☽⊻☉	g
	10	08	☽∥♅	B
	10	58	☽✱♃	G
	16	28	☽∥♇	D
	16	29	☿□♇	
	17	04	☽□♆	B
	20	20	☽△♄	G
29	0	30	☽∥♂	B
Mo	1	14	☉Q♇	
	2	19	☉±♅	
	3	10	☽⊻♀	g
	4	23	☽⊻♇	g
	5	27	☽✱☿	G
	8	21	☽∥♆	D
	9	53	☽∠☉	b
	13	37	☿#♀	
	17	28	☉±♂	
	17	51	♀✱♇	
	21	01	☽⚼♄	b
30	0	09	☽□♅	B
Tu	0	57	☽♐	
	1	06	♅Q♇	
	1	14	☽□♂	B
	6	09	☽∠♀	b
	7	47	☽#♄	B
	12	27	☽✱☉	G
	12	58	☽□♃	B
	18	27	☽✱♆	G
	21	57	☉⊻♃	

OCTOBER

Day	h	m	Aspect	
1	6	11	☽☌♇	D
We	9	37	☽✱♀	G
	12	24	☽□☿	B
	19	43	☽∠♆	b
2	2	25	☽✱♅	G
Th	3	21	☽♑	
	3	50	☽✱♂	G
	16	34	☽△♃	G
	19	09	☽□☉	B
	21	28	☽⊻♆	g
3	1	22	☽☍♄	B
Fr	4	16	☽∠♅	b
	5	54	☽∠♂	b
	9	47	☽⊻♇	g
	13	53	☉#☿	
	18	28	☽□♀	B
	19	10	☽⚼♃	b
	21	12	☿Q♄	
	22	40	☽△☿	G
4	3	19	♀∠♃	
Sa	3	22	☉△♆	
	6	40	☽⊻♅	g
	7	45	☽♒	
	7	54	☿⚼♆	
	8	33	☽⊻♂	g
	12	23	☽∠♇	b
5	2	35	☽☌♆	D
Su	4	28	☽△☉	G

Day	h	m	Aspect	
	5	12	☽⚼☿	b
	5	22	☽#♄	B
	15	32	☽✱♇	G
6	6	12	☽△♀	G
Mo	7	19	☽∥♆	D
	10	09	☽⚼☉	b
	10	25	☽⚼♄	b
	10	34	♀#♃	
	13	06	☽☌♅	B
	13	40	☉□♄	
	14	20	☽♓	
	15	38	☽•♂	B
	15	55	☿▽♅	
	20	15	☽∥♂	B
7	1	19	☽∥♇	D
Tu	1	28	☿♎	
	6	22	☽☍♃	B
	8	34	☽∥♅	B
	9	54	☽⊻♆	g
	13	01	☿▽♂	
	13	11	☽⚼♀	b
	14	32	☽△♄	G
	20	04	☽∥♀	G
	23	30	☽□♇	B
	23	32	☽#♃	G
	23	54	☉⚼♅	
8	13	08	☉⊥♃	
We	13	48	☽∥☉	G
	14	23	☽∠♆	b
	21	43	☽⊻♅	g
	23	07	☽♈	
9	1	07	☽⊻♂	g
Th	4	48	♀△♅	
	6	26	☽☍☿	B
	14	55	☽∥☿	G
	14	59	☽#☿	G
	18	56	♀♏	
	19	25	☽✱♆	G
	21	18	☉⚼♂	
10	0	25	☽□♄	B
Fr	2	43	☿±♅	
	2	52	☽∠♅	b
	6	46	☽∠♂	b
	7	27	☽☍☉	B
	9	09	☿Q♇	
	9	41	☽△♇	G
	20	17	☽#☉	G
	20	32	♀△♂	
	22	44	☽⚼♃	b
11	6	09	☽∥♃	G
Sa	8	31	☽✱♅	G
	8	34	☿±♂	
	10	05	☽♉	
	11	32	☉✱♇	
	12	59	☽✱♂	G
	14	37	☽☍♀	B
	15	34	☽⚼♇	b
	19	42	☽#♀	G
	23	07	☽#♅	B
	23	58	♀∠♇	
12	5	15	☽△♃	G
Su	6	52	☽#♇	D
	7	02	☽□♆	B
	8	25	☽#♂	B
	12	22	☽✱♄	G
	14	55	☿⊻♃	
13	1	53	☿△♆	
Mo	2	07	☽#♆	D
	9	07	♀∥♅	

Day	h	m	Aspect	
	15	27	☽⚼☿	b
	18	52	☽∠♄	b
	21	02	☽□♅	B
	22	45	☽♊	
14	2	43	☽□♂	B
Tu	6	19	☽∥♄	B
	8	53	♂∥♇	
	10	16	☽⚼☉	b
	14	49	☿□♄	
	19	12	☽□♃	B
	19	59	☽△♆	G
15	1	30	☽⊻♄	g
We	3	20	☽△☿	G
	4	50	☿⚼♅	
	11	04	☽☍♇	B
	19	35	☽△☉	G
	19	37	☉#♃	
	20	38	☽⚼♀	b
16	2	26	☽⚼♆	b
Th	6	03	♀∥♂	
	9	54	☽△♅	G
	11	20	☿⊥♃	
	11	41	☽♋	
	16	46	☽△♂	G
	18	49	♃▽♆	
	22	36	♀∥♇	
17	5	27	☿⚼♂	
Fr	6	16	☽△♀	G
	8	26	☿✱♇	
	8	42	☽✱♃	G
	13	58	☽☌♄	B
	15	46	☽⚼♅	b
	23	09	☽⚼♂	b
18	1	39	☽□☿	B
Sa	3	42	♀□♆	
	9	33	♀✱♃	
	12	31	☽□☉	B
	14	31	☽∠♃	b
	22	41	☽♌	
19	4	16	☽⚼♇	b
Su	9	05	♀⊥♇	
	18	20	☽☍♆	B
	18	43	☉∠♃	
	19	23	☽⊻♃	g
	22	07	☽∥♄	B
	22	28	☽□♀	B
	23	33	☽⊻♄	g
20	8	18	☽△♇	G
Mo	9	49	♀△♄	
	18	54	☽✱☿	G
	20	06	☿#♃	
	23	29	☽#♆	D
21	1	04	☽✱☉	G
Tu	2	51	☽∠♄	b
	4	18	☽☍♅	B
	6	01	☽♍	
	7	54	☽#♀	G
	12	45	☽☍♂	B
	16	11	☽#♇	D
	21	37	☽#♂	B
	22	59	☽#♅	B
22	1	10	☽∠☿	b
We	1	57	☽☌♃	G
	5	08	☽✱♄	G
	5	25	☽∠☉	b
	5	47	☽#☉	G
	8	15	☿∠♃	
	9	20	☽✱♀	G
	11	47	☽#☿	G

Day	Time	Aspect	
	13 19	☽□♇	B
	16 53	☽∥♃	G
	20 18	☉△♅	
23	1 47	☽⚼♆	b
Th	1 50	♆Stat	
	6 03	☽⚺☿	g
	8 39	☽⚺☉	g
	9 27	☽♎	
	12 56	☽∠♀	b
	17 05	♂∥♅	
	20 08	☉♏	
	20 57	☿△♅	
24	2 33	☽△♆	G
Fr	4 45	☽⚺♃	g
	7 10	☽□♄	B
	7 24	♀⚺♇	
	8 24	☽⚼♅	b
	11 20	☿♏	
	15 00	☽✱♇	G
	15 40	☽⚺♀	g
	17 45	☽⚼♂	b
25	3 35	☽#♃	G
Sa	5 14	☽∠♃	b
	8 31	☽△♅	G
	9 58	☉☌☿	
	10 08	☽♏	
	12 50	☽☌☉	D
	12 59	☽●☿	G
	15 05	☽∠♇	b
	17 18	☽∥☿	G
	17 31	♀∥♆	
	18 17	☽△♂	G
	19 14	☽∥☉	G
	19 19	☽∥♂	B
	20 12	☉∥♂	
	20 47	☽∥♅	B
	23 45	♄Stat	
26	2 43	☽□♆	B
Su	3 01	☽∥♇	D
	5 25	☽✱♃	G
	7 13	☽△♄	G
	8 25	☿∠♇	
	8 32	☿∥♂	
	15 00	☽⚺♇	g
	17 44	☽∥♆	D
	19 33	☽∥♀	G
	19 53	☽●♀	G
	23 39	☉∥♅	
	23 42	☉∠♇	
27	2 07	☿∥♅	
Mo	4 44	☉∥☿	
	7 06	☽⚼♄	b
	8 15	☽□♅	B
	9 55	☽♐	
	15 40	☽#♄	B
	16 01	☽⚺☉	g
	18 40	☽⚺☿	g
	19 11	☽□♂	B
28	0 29	☿△♂	
Tu	2 37	☽✱♆	G
	5 55	☽□♃	B
	15 13	☽☌♇	D
	18 01	☽∠☉	b
	21 59	☽∠☿	b
29	0 36	☽⚺♀	g
We	3 02	☽∠♆	b
	8 51	☽✱♅	G
	10 37	☽♑	
	14 04	☿∥♇	
	15 12	♀Q♃	
	20 37	☽✱☉	G
	21 29	☽✱♂	G
30	2 01	☽✱☿	G
Th	3 54	☽∠♀	b
	4 01	☽⚺♆	g
	8 04	☽△♃	G
	8 46	☽☍♄	B
	9 58	☽∠♅	b
	15 55	☉△♂	
	17 20	☽⚺♇	g
	19 42	☿□♆	
	23 39	☽∠♂	b
31	8 07	☽✱♀	G
Fr	10 10	☽⚼♃	b
	11 48	☽⚺♅	g
	13 41	☽♒	
	19 28	☽∠♇	b
	21 02	☉∥♇	
	23 37	☿⊥♇	

NOVEMBER

Day	Time	Aspect	
1	2 40	☽⚺♂	g
Sa	4 25	☽□☉	B
	8 09	☽☌♆	D
	10 59	♀⚼♄	
	11 57	☽#♄	B
	12 48	☿✱♃	
	13 07	☽□☿	B
	13 17	☿△♄	
	15 20	♀Q♆	
	17 13	♃✱♄	
	22 23	☽✱♇	G
	23 32	☽∥♀	G
2	0 43	♀□♅	
Su	13 17	☽∥♆	D
	16 30	☽⚼♄	b
	17 50	☽☌♅	B
	18 13	☽∥☿	G
	19 40	☽□♀	B
	19 52	☽♓	
	21 42	♀♐	
3	2 58	☽∥☉	G
Mo	6 20	☽∥♇	D
	6 55	☉□♆	
	11 21	☽☌♂	B
	13 57	☽∥♅	B
	15 27	☽⚺♆	g
	16 11	☽△☉	G
	20 37	☽△♄	G
	21 21	☽☍♃	B
	23 52	☽∥♂	B
4	4 42	☽△☿	G
Tu	6 36	☽□♇	B
	11 26	☿∥♆	
	13 29	☽#♃	G
	20 04	☿⚺♇	
	20 12	☽∠♆	b
	23 27	☽⚼☉	b
5	2 54	☽⚺♅	g
We	5 02	☽♈	
	6 33	☉⊥♇	
	11 16	☽△♀	G
	14 00	☽⚼☿	b
	23 13	☽⚺♂	g
	23 24	☉△♄	
6	1 33	☽✱♆	G
Th	6 49	☽□♄	B
	8 21	☽∠♅	b
	17 26	☽△♇	G
	20 16	☽⚼♀	b
	20 33	☉✱♃	
7	4 45	☽∥♃	G
Fr	6 05	☽∠♂	b
	14 16	☽✱♅	G
	14 44	☽⚼♃	b
	16 01	☽#♂	B
	16 29	☽♉	
	23 33	☽⚼♇	b
8	6 03	☽#♅	B
Sa	12 46	♅Stat	
	13 23	☽✱♂	G
	13 36	☽□♆	B
	14 08	♀±♄	
	14 21	☽#♇	D
	18 38	♀#♄	
	18 50	☽✱♄	G
	19 37	♂⚺♆	
	21 23	☽△♃	G
9	1 13	☽☍☉	B
Su	3 24	☽#☉	G
	8 29	☽#♆	D
	21 44	☽☍☿	B
10	0 28	☿Q♃	
Mo	1 14	☽∠♄	b
	1 34	☽#☿	G
	3 00	☽□♅	B
	5 14	☽♊	
	12 43	☽∥♄	B
	16 01	☽#♀	G
11	0 04	☿⚼♄	
Tu	1 56	☽☍♀	B
	2 37	☽△♆	G
	4 42	☽□♂	B
	7 41	☽⚺♄	g
	7 55	☿Q♆	
	8 31	♀✱♆	
	10 56	☉⚺♇	
	11 09	☽□♃	B
	14 05	☿□♅	
	19 10	☽☍♇	B
12	7 19	☿♐	
We	8 48	☉∥♆	
	9 06	☽⚼♆	b
	15 57	☽△♅	G
	17 27	♀□♂	
	18 10	☽♋	
13	5 02	☽⚼☉	b
Th	7 20	♀∇♄	
	19 41	☽△♂	G
	20 05	☽☌♄	B
	21 35	☿#♄	
	22 04	☽⚼♅	b
14	0 22	☽✱♃	G
Fr	5 27	♂△♄	
	6 10	☽⚼☿	b
	13 39	☽△☉	G
15	2 30	☽⚼♂	b
Sa	3 34	♀□♃	
	5 48	☽♌	
	6 16	☽∠♃	b
	6 32	☽⚼♀	b
	13 07	☽⚼♇	b
	15 41	☽△☿	G
	19 01	☽#♀	G
16	0 12	☽#☿	G
Su	2 12	☽☍♆	B
	5 46	☽∥♄	B
	6 30	☽⚺♄	g
	11 24	☽⚺♃	g
	12 26	♀Q♅	
	14 28	☽△♀	G
	17 50	☽△♇	G
	18 50	☿±♄	
17	1 41	☽#☉	G
Mo	4 15	☽□☉	B
	8 19	☽#♆	D
	10 31	☽∠♄	b
	12 38	☽☍♅	B
	14 36	☽♍	
18	0 24	☽#♇	D
Tu	1 49	♀☌♇	
	7 04	☽□☿	B
	8 13	☽#♅	B
	13 36	☽✱♄	G
	17 41	☽☍♂	B
	18 52	☽☌♃	G
19	0 29	☽□♇	B
We	2 40	☽□♀	B
	6 57	☽#♂	B
	7 44	☿✱♆	
	8 56	☽∥♃	G
	12 10	☽⚼♆	b
	14 15	☽✱☉	G
	19 42	☽♎	
20	3 42	☿∥♀	
Th	9 53	☉⚼♄	
	13 38	☽△♆	G
	13 59	♂☍♃	
	16 24	☿∇♄	
	16 59	☽□♄	B
	17 03	☽✱☿	G
	17 07	☉Q♃	
	17 32	☽∠☉	b
	19 11	☽⚼♅	b
	22 32	☽⚺♃	g
21	3 27	☽✱♇	G
Fr	9 17	☽#♃	G
	9 29	☉Q♆	
	9 40	☽∥♂	B
	10 04	☽✱♀	G
	17 14	☉□♅	
	19 44	☽△♅	G
	19 55	☽⚺☉	g
	20 22	☽∠☿	b
	21 24	☽♏	
	23 11	☽∠♃	b
	23 19	♂#♃	
22	0 02	☽⚼♂	b
Sa	0 34	♂⊥♆	
	3 50	☽∠♇	b
	8 04	☽∥♅	B
	12 25	☽∠♀	b
	14 28	☽□♆	B
	15 08	☽∥♇	D
	17 27	☽△♄	G
	17 43	☉♐	
	22 56	☽⚺☿	g
	23 19	☽✱♃	G
23	0 47	☽△♂	G
Su	3 09	☿□♃	
	3 46	☽⚺♇	g
	4 45	☽∥♆	D
	13 37	♀∠♆	
	14 17	☽⚺♀	g
	15 18	☿Q♅	
	17 05	☽⚼♄	b
	17 45	☽∥☉	G
	19 27	☽□♅	B
	21 02	☽♐	
	22 59	☽●●	D
24	3 11	☽#♄	B
Mo	3 13	☿□♂	
	13 53	☽✱♆	G
	19 14	☽∥♀	G
	23 00	☽□♃	B
25	0 39	☽∥☿	G
Tu	1 44	☽□♂	B
	2 12	☿☌♇	
	3 11	☽☌♇	D
	3 17	☽●☿	G
	13 41	☽∠♆	b
	17 56	☽☌♀	G
	18 57	☽✱♅	G
	20 31	☽♑	
26	1 57	☽⚺☉	g
We	6 21	♀✱♅	
	13 51	☽⚺♆	g
	16 28	☽☍♄	B
	19 15	☽∠♅	b
	23 20	♂□♇	
	23 37	☽△♃	G
27	1 07	♀♑	
Th	3 43	☽⚺♇	g
	3 52	☽✱♂	G
	4 13	☽∠☉	b
	9 02	☽⚺☿	g
	11 48	♃±♆	
	15 41	☽∥☿	G
	20 12	☽⚺♅	g
	21 48	☽♒	
	23 47	☽⚺♀	g
28	0 00	☽∥♀	G
Fr	0 52	☽⚼♃	b
	4 59	☽∠♇	b
	6 03	☽∠♂	b
	7 24	☽✱☉	G
	13 18	☽∠☿	b
	16 16	☽☌♆	D
	18 37	☽#♄	B
	21 01	☉±♄	
	23 34	☽∥☉	G
29	4 17	☽∠♀	b
Sa	7 09	☽✱♇	G
	9 15	☽⚺♂	g
	18 47	☽✱☿	G
	19 06	☿∠♆	
	20 25	☽∥♆	D
	21 15	☽⚼♄	b
30	0 46	☽☌♅	B
Su	2 25	☽♓	
	10 05	☽✱♀	G
	11 50	☽∥♇	D
	17 16	☽□☉	B
	20 31	☽∥♅	B
	22 22	♀⊥♆	
	22 22	☽⚺♆	g

DECEMBER

Day	Time	Aspect	
1	0 44	☽△♄	G
Mo	10 18	☽☍♃	B
	14 27	☽□♇	B
	19 00	☽☌♂	B
2	1 00	☽#♃	G
Tu	2 54	☽∠♆	b
	5 53	☿✱♅	

Day	Time	Aspect	Inf.
	9 15	☽⚺♅	g
	9 39	☽□☿	B
	10 11	☽∥♂	B
	10 56	☽♈	
	21 34	☿♑	
3	1 32	☽□♀	B
We	7 57	☽△☉	G
	8 15	☽✱♆	G
	10 20	☽□♄	B
	11 34	☉✱♆	
	14 46	☽∠♅	b
	18 33	☽#♂	B
4	1 17	☽△♇	G
Th	5 11	☽∥♃	G
	8 40	☽⚺♂	g
	9 32	☉#♄	
	10 56	☉∇♄	
	16 40	☽⚼☉	b
	20 52	☽✱♅	G
	22 30	☽♉	
5	3 35	☽⚼♃	b
Fr	4 25	☽△☿	G
	7 35	☽⚼♇	b
	11 29	☽#♅	B
	16 25	☽∠♂	b
	20 38	♀⚺♆	
	20 38	☽□♆	B
	20 38	☽△♀	G
	21 15	☽#♇	D
	22 20	☽✱♄	G
6	10 15	☽△♃	G
Sa	12 04	♀☍♄	
	13 58	☽#♆	D
	14 21	☽⚼☿	b
	20 52	☿⊥♆	
7	0 26	☽✱♂	G
Su	4 41	☽∠♄	b
	6 45	☽⚼♀	b
	8 16	♀Q♂	
	9 54	☽□♅	B
	11 26	☽♊	
	20 05	☽∥♄	B
	23 13	☽#☉	G
8	9 47	☽△♆	G
Mo	11 00	☽⚺♄	g
	12 59	☽#♀	G
	13 25	♀∠♅	
	20 37	☽☍☉	B
	23 40	☽□♃	B
9	0 03	☽#☿	G
Tu	3 18	☽☍♇	B
	14 01	♂∠♆	
	16 11	☽⚼♆	b
	16 17	☽□♂	B
	19 40	☉Q♅	
	22 48	☽△♅	G
10	0 11	☽♋	
We	10 58	☉□♃	
	18 17	☽☍☿	B
	23 01	☽☌♄	B
11	4 50	☽⚼♅	b
Th	11 55	☽☍♀	B
	12 09	☽✱♃	G
	14 22	♀△♃	
12	5 27	☉☌♇	
Fr	6 53	☽△♂	G
	11 40	☽♌	
	14 29	☽#☿	G
	17 46	☽∠♃	b
	20 59	☽⚼♇	b
	22 19	☽⚼☉	b
	23 21	☽#♀	G
13	0 11	♀⚺♇	
Sa	3 46	☽#☉	G
	9 15	☽☍♆	B
	9 28	☽⚺♄	g
	10 02	☽∥♄	B
	10 23	☿⚺♆	
	13 23	☽⚼♂	b
	14 13	☿☍♄	
	22 49	☽⚺♃	g
14	1 55	☽△♇	G
Su	5 39	☽△☉	G
	12 46	♄∇♆	
	13 53	☽∠♄	b
	15 02	☽#♆	D
	15 06	☽⚼☿	b
	20 05	☽☍♅	B
	21 07	☽♍	
15	6 02	☽#♇	D
Mo	7 40	☉∥♀	
	11 43	☽⚼♀	b
	15 33	♂⚺♅	
	15 39	☽#♅	B
	17 37	☽✱♄	G
	19 50	☽△☿	G
	23 59	♀⊥♅	
16	6 55	☽☌♃	G
Tu	9 44	☽□♇	B
	11 35	☉⚺♀	
	13 24	♂♈	
	17 42	☽□☉	B
	17 49	☽△♀	G
	19 55	☽∥♃	G
	21 03	☽⚼♆	b
17	3 46	☽♎	
We	4 25	☽☍♂	B
	16 00	☿Stat	
	17 52	☽#♂	B
	17 59	☽∥♂	B
	19 35	☉∥☿	
	22 51	☽□♄	B
	23 28	☽△♆	G
18	0 19	♀⊥♇	
Th	1 43	☽□☿	B
	5 10	☽⚼♅	b
	11 52	☽⚺♃	g
	14 28	☽✱♇	G
	15 08	☉∠♆	
	15 15	☽#♃	G
19	1 50	☽✱☉	G
Fr	2 53	☽□♀	B
	6 39	☽△♅	G
	7 20	☽♏	
	13 12	☽∠♃	b
	15 42	☽∠♇	b
	15 59	♀#♄	
	17 10	☽∥♅	B
20	1 04	☽△♄	G
Sa	1 56	☽∥♇	D
	2 02	☽□♆	B
	3 09	☽✱☿	G
	4 34	☽∠☉	b
	11 47	☽⚼♂	b
	13 52	☽✱♃	G
	14 38	☽∥♆	D
	16 18	☽⚺♇	g
	23 41	♀⚺♅	
21	1 17	☽⚼♄	b
Su	2 34	☽∠☿	b
	6 06	☿⚺♆	
	6 32	♀♒	
	6 36	☽⚺☉	g
	7 43	☽□♅	B
	8 16	☽♐	
	8 25	☽✱♀	G
	12 44	☽∥♀	G
	12 54	☽△♂	G
	15 30	☽#♄	B
	15 30	☽∥☿	G
	15 41	☿#♄	
	22 23	☽∥☉	G
	23 34	☉✱♅	
22	1 22	☽⚺☿	g
Mo	2 23	☽✱♆	G
	6 35	☿☍♄	
	7 04	☉♑	
	10 25	☽∠♀	b
	13 56	☽□♃	B
	16 18	☽☌♇	D
23	2 13	☽∠♆	b
Tu	7 29	☽✱♅	G
	7 55	☽♑	
	9 43	☽☌☉	D
	12 19	☽⚺♀	g
	14 29	☽□♂	B
	22 04	☽☌☿	G
24	0 30	☽☍♄	B
We	2 08	☽⚺♆	g
	6 54	♀⚼♃	
	7 29	☽∠♅	b
	13 52	☽△♃	G
	16 17	☽⚺♇	g
25	7 54	☽⚺♅	g
Th	8 13	☽♒	
	12 49	♀∠♇	
	13 29	♀✱♂	
	13 43	☽⚺☉	g
	14 25	☽⚼♃	b
	16 55	☽∠♇	b
	17 06	☽✱♂	G
	17 17	☽☌♀	G
	19 03	☽⚺☿	g
	19 44	☽∥☉	G
26	2 28	☽#♄	B
Fr	3 20	☽☌♆	D
	4 07	☿⚺♀	
	8 53	☿□♂	
	9 43	☽∥☿	G
	11 48	♂⊥♅	
	13 33	☿⊥♆	
	13 53	☽∥♀	G
	16 55	☽∠☉	b
	18 12	☽∠☿	b
	18 18	☽✱♇	G
	19 34	☽∠♂	b
27	1 11	☉☌☿	
Sa	2 41	☽⚼♄	b
	5 41	☽∥♆	D
	10 57	☽☌♅	B
	11 10	☽♓	
	17 42	☉⊥♆	
	18 02	☽✱☿	G
	19 09	☽∥♇	D
	21 16	☽✱☉	G
	23 07	☽⚺♂	g
28	2 08	☽⚺♀	g
Su	5 07	☽△♄	G
	5 24	☽∥♅	B
	7 51	☽⚺♆	g
	11 37	☿⊥♀	
	21 11	☽☍♃	B
29	0 03	☽□♇	B
Mo	8 37	☽∠♀	b
	8 38	♀∇♄	
	10 02	☽#♃	G
	11 42	☽∠♆	b
	18 05	☽⚺♅	g
	18 08	☽♈	
	20 05	☽#♂	B
	20 19	☽□☿	B
30	5 55	☉□♂	
Tu	9 14	♅♓	
	9 55	☽☌♂	B
	10 03	☽□☉	B
	13 09	☽□♄	B
	16 31	☽✱♀	G
	16 36	☽✱♆	G
	17 19	♀☌♆	
	19 30	☿✱♅	
	19 52	☿♐	
	23 13	☽∠♅	b
31	0 03	☽∥♂	B
We	9 10	☽∥♃	G
	9 59	☽△♇	G
	17 34	♀±♃	
	20 57	☉☍♄	

DISTANCES APART OF ALL ☌s AND ☍s IN 2003

Note: The Distances Apart are in Declination

JANUARY

Day	h	m	Aspect	°	′
1	03	48	☽☌♇	10	03
1	14	10	☽☍♄	2	43
2	20	23	☽☌☉	2	52
4	00	56	☽☌☿	4	34
4	21	22	☽☌♆	4	25
5	09	46	☽☍♃	3	50
6	04	21	☽☌♅	4	05
11	20	02	☉☌☿	2	55
13	17	44	☽☍♂	0	20
14	12	02	☽☍♀	3	20
15	10	41	☽☍♇	10	09
15	19	29	☽☌♄	2	37
17	10	54	☽☍☿	6	27
18	10	48	☽☍☉	3	51
19	08	26	☽☍♆	4	24
19	16	33	☽☌♃	3	42
20	13	46	☽☍♅	4	02
25	17	58	♀☌♇	6	09
27	15	02	☽•♂	0	24
28	12	35	☽☌♇	10	17
28	18	13	☽☌♀	4	16
28	18	43	☽☍♄	2	35
29	00	13	♀☍♄	1	42
30	10	34	☽☌☿	4	44
30	23	33	☉☌♆	0	02

FEBRUARY

Day	h	m	Aspect	°	′
1	08	10	☽☌♆	4	24
1	10	48	☽☌☉	4	24
1	12	45	☽☍♃	3	37
2	09	12	☉☍♃	0	50
2	16	02	☽☌♅	4	00
11	15	10	☽☍♂	1	12
11	21	15	☽☍♇	10	28
12	02	29	☽☌♄	2	37
13	12	22	☽☍♀	4	52
15	05	08	☽☍☿	3	18
15	19	40	☽☍♆	4	26
15	19	49	☽☌♃	3	34
16	09	10	♃☍♆	0	53
16	15	57	♂☌♇	9	05
16	23	51	☽☍☉	4	39
17	01	18	☽☍♅	4	00
17	21	38	☉☌♅	0	40
20	14	14	♂☍♄	1	00
20	19	12	☿☍♃	0	33
21	06	51	☿☌♆	1	28
24	19	04	☽☌♇	10	39
24	23	16	☽☍♄	2	40
25	04	28	☽☌♂	1	51
27	12	58	☽☌♀	4	58
28	13	41	☽☍♃	3	33
28	17	04	☽☌♆	4	29

MARCH

Day	h	m	Aspect	°	′
1	16	54	☽☌☿	2	43
2	02	30	☽☌♅	4	00
3	02	35	☽☌☉	4	34
4	21	16	☿☌♅	1	21
10	04	18	♀☍♃	1	13
11	06	29	☽☍♇	10	52
11	11	24	☽☌♄	2	48
12	11	29	☽☍♂	2	31
12	18	35	♀☌♆	0	11
15	01	31	☽☌♃	3	37
15	07	37	☽☍♆	4	35
15	13	11	☽☍♀	4	40
16	14	24	☽☍♅	4	03
18	04	17	☽☍☿	2	42
18	10	35	☽☍☉	4	11
21	23	34	☉☌☿	1	15
24	01	19	☽☌♇	11	01
24	06	32	☽☍♄	2	54
25	18	16	☽☌♂	2	55
27	15	59	☽☍♃	3	41
28	00	14	☽☌♆	4	40
28	12	44	♀☌♅	0	02
29	11	18	☽☌♅	4	05
29	13	36	☽☌♀	4	05

APRIL

Day	h	m	Aspect	°	′
1	19	19	☽☌☉	3	33
2	22	05	☽☌☿	3	20
7	13	32	☽☍♇	11	11
7	21	34	☽☌♄	3	04
10	05	34	☽☍♂	3	13
11	09	46	☽☌♃	3	49
11	18	14	☽☍♆	4	46
13	02	53	☽☍♅	4	10
14	11	38	☽☍♀	3	12
16	19	36	☽☍☉	2	41
18	04	23	☽☍☿	3	50
20	09	06	☽☌♇	11	16
20	17	55	☽☍♄	3	10
23	08	27	☽☌♂	3	16
23	22	50	☽☍♃	3	54
24	06	58	☽☌♆	4	49
25	19	05	☽☌♅	4	12
28	19	09	☽☌♀	2	15

MAY

Day	h	m	Aspect	°	′
1	12	15	☽☌☉	1	37
2	05	27	☽☌☿	2	24
4	18	46	☽☍♇	11	19
5	08	43	☽☌♄	3	18
7	07	20	☉☌☿	0	11
8	17	36	♂☍♃	0	53
8	20	11	☽☌♃	3	59
8	20	17	☽☍♂	3	06
9	02	16	☽☍♆	4	53
10	12	56	☽☍♅	4	14
14	08	08	☽☍♀	1	05
14	14	36	♂☌♆	1	55
15	07	19	☽☍☿	0	24
16	03	36	☽•☍☉	0	25
17	18	26	☽☌♇	11	18
18	08	41	☽☍♄	3	24
21	11	10	☽☍♃	4	03
21	14	33	☽☌♆	4	53
21	21	53	☽☌♂	2	46
23	02	51	☽☌♅	4	14
27	00	04	☿☌♀	2	06
29	00	57	☽☌☿	2	11
29	03	57	☽•♀	0	07
31	04	20	☽•●	0	54
31	23	21	☽☍♇	11	15

JUNE

Day	h	m	Aspect	°	′
1	20	55	☽☌♄	3	30
3	02	57	♃☍♆	0	47
5	07	55	☽☍♆	4	51
5	08	36	☽☌♃	4	05
6	05	55	☽☍♂	2	09
6	19	55	☽☍♅	4	12
9	20	43	☉☍♇	9	30
12	21	51	☽☍☿	2	29
13	04	07	☽☍♀	1	19
14	03	58	☽☌♇	11	12
14	11	16	☽☍☉	2	06
15	00	56	☽☍♄	3	36
17	23	08	☽☌♆	4	49
18	03	52	☽☍♃	4	05
19	07	39	☽☌♂	1	28
19	11	03	☽☌♅	4	09
21	03	53	☿☌♀	0	24
23	16	45	☿☍♇	8	54
23	20	02	♂☌♅	2	55
24	13	39	☉☌♄	0	48
25	01	58	♀☍♇	8	58
28	04	30	☽☍♇	11	08
28	13	00	☽☌♀	2	25
29	02	31	☽☌☿	2	11
29	10	14	☽☌♄	3	43
29	18	39	☽☌☉	3	14

JULY

Day	h	m	Aspect	°	′
1	01	14	☿☌♄	1	33
2	12	39	☽☍♆	4	45
2	23	05	☽☌♃	4	03
4	00	50	☽☍♅	4	04
4	07	28	☽☍♂	0	33
5	10	20	☉☌☿	1	20
8	08	30	♀☌♄	0	49
11	12	13	☽☌♇	11	06
12	16	36	☽☍♄	3	50
13	01	15	☽☍♀	3	11
13	19	21	☽☍☉	4	01
14	14	21	☽☍☿	2	41
15	07	52	☽☌♆	4	43
15	22	57	☽☍♃	4	02
16	19	16	☽☌♅	4	00
17	08	00	☽•♂	0	17
19	20	58	☿☍♆	1	37
25	10	53	☽☍♇	11	04
26	03	17	☿☌♃	0	20
27	00	29	☽☌♄	3	59
28	19	25	☽☌♀	3	35
29	06	53	☽☌☉	4	33
29	18	08	☽☍♆	4	40
30	15	46	☽☌♃	3	59
31	03	58	☽☌☿	4	10
31	05	34	☽☍♅	3	57
31	18	23	☿☍♅	0	18
31	20	12	☽☍♂	1	08

AUGUST

Day	h	m	Aspect	°	′
4	13	55	☉☍♆	0	00
6	13	12	☿☍♂	6	17
7	16	18	♀☍♆	1	03
7	18	35	☽☌♇	11	04
9	06	11	☽☍♄	4	08
11	15	35	☽☌♆	4	40
12	01	17	☽☍♀	3	35
12	04	48	☽☍☉	4	43
12	18	35	☽☍♃	3	56
13	02	38	☽☌♅	3	55
13	16	01	☽☌♂	1	36
14	10	29	☽☍☿	5	52
18	18	04	☉☌♀	1	14
21	10	23	♀☌♃	0	30
21	18	29	☽☍♇	11	05
22	10	08	☉☌♃	0	46
23	04	49	♀☍♅	0	32
23	14	49	☽☌♄	4	19
24	10	02	☉☍♅	0	44
26	01	14	☽☍♆	4	41
26	22	17	♀☍♂	4	53
27	10	28	☽☌♃	3	53
27	11	41	☽☍♅	3	55
27	17	26	☽☌☉	4	36
27	19	35	☽☍♂	1	36
27	22	06	☽☌♀	3	14
28	17	59	☉☍♂	6	09
29	07	26	☽☌☿	7	41
30	04	37	♃☍♅	0	02

SEPTEMBER

Day	h	m	Aspect	°	′
3	23	55	☽☌♇	11	07
5	16	58	☽☍♄	4	28
7	19	59	♂☍♃	5	01
7	21	39	☽☌♆	4	44
8	05	35	☿☌♀	5	02
9	08	30	☽☌♅	3	56
9	12	00	☽•♂	1	04
9	13	20	☽☍♃	3	51
10	16	36	☽☍☉	4	13
10	17	56	☽☍☿	7	30
11	01	57	☉☌☿	3	15
11	05	41	☽☍♀	2	41
18	02	45	☽☍♇	11	10
20	03	53	☽☌♄	4	39
22	09	40	☽☍♆	4	49
23	19	33	☽☍♅	4	00
23	20	25	☽☍♂	0	04
24	06	23	☽☌♃	3	48
24	19	44	☽☌☿	3	51
26	03	09	☽☌☉	3	33
26	21	46	☽☌♀	1	53

OCTOBER

Day	h	m	Aspect	°	′
1	06	11	☽☌♇	11	11
3	01	22	☽☍♄	4	46
5	02	35	☽☌♆	4	53
6	13	06	☽☌♅	4	04
6	15	38	☽•♂	0	55
7	06	22	☽☍♃	3	44
9	06	26	☽☍☿	1	44
10	07	27	☽☍☉	2	42
11	14	37	☽☍♀	0	58
15	11	04	☽☍♇	11	13
17	13	58	☽☌♄	4	53
19	18	20	☽☍♆	4	57
21	04	18	☽☍♅	4	08
21	12	45	☽☍♂	1	57
22	01	57	☽☌♃	3	41
25	09	58	☉☌☿	0	35
25	12	50	☽☌☉	1	36
25	12	59	☽•☿	1	01
26	19	53	☽•♀	0	04
28	15	13	☽☌♇	11	12
30	08	46	☽☍♄	4	55

DISTANCES APART OF ALL ☌s AND ☍s IN 2003

Note: The Distances Apart are in Declination

d	h m	Aspect	° ′
NOVEMBER			
1	08 09	☽ ☌ ♆	4 59
2	17 50	☽ ☌ ♅	4 11
3	11 21	☽ ☌ ♂	2 38
3	21 21	☽ ☍ ♃	3 36
9	01 13	☾•—•☉	0 22
9	21 44	☽ ☍ ☿	0 32
11	01 56	☽ ☍ ♀	1 08
11	19 10	☽ ☍ ♇	11 12
13	20 05	☽ ☌ ♄	4 54
16	02 12	☽ ☍ ♆	5 00
17	12 38	☽ ☍ ♅	4 12
18	01 49	♀ ☌ ♇	9 36
18	17 41	☽ ☍ ♂	3 09
18	18 52	☽ ☌ ♃	3 28
20	13 59	♂ ☍ ♃	0 16
23	22 59	☽ • ●	0 58
25	02 12	☿ ☌ ♇	10 55
25	03 11	☽ ☌ ♇	11 11
25	03 17	☽ • ☿	0 16
25	17 56	☽ ☌ ♀	2 02
26	16 28	☽ ☍ ♄	4 51
28	16 16	☽ ☌ ♆	4 59
30	00 46	☽ ☌ ♅	4 11
DECEMBER			
1	10 18	☽ ☍ ♃	3 21
1	19 00	☽ ☌ ♂	3 22
6	12 04	♀ ☍ ♄	2 15
8	20 37	☽ ☍ ☉	2 17
9	03 18	☽ ☍ ♇	11 11
10	18 17	☽ ☍ ☿	2 02
10	23 01	☽ ☌ ♄	4 45
11	11 55	☽ ☍ ♀	2 43
12	05 27	☉ ☌ ♇	8 37
13	09 15	☽ ☍ ♆	4 55
13	14 13	☿ ☍ ♄	2 10
14	20 05	☽ ☍ ♅	4 07
16	06 55	☽ ☌ ♃	3 10
17	04 25	☽ ☍ ♂	3 20
22	06 35	☿ ☍ ♄	0 10
22	16 18	☽ ☌ ♇	11 13
23	09 43	☽ ☌ ☉	3 25
23	22 04	☽ ☌ ☿	5 18
24	00 30	☽ ☍ ♄	4 40
25	17 17	☽ ☌ ♀	3 04
26	03 20	☽ ☌ ♆	4 52
27	01 11	☉ ☌ ☿	2 20
27	10 57	☽ ☌ ♅	4 03
28	21 11	☽ ☍ ♃	3 02
30	09 55	☽ ☌ ♂	3 08
30	17 19	♀ ☌ ♆	1 44
31	20 57	☉ ☍ ♄	0 40

PHENOMENA IN 2003

d h JANUARY
1 18 ☿ ☊
2 17 ☽ Max. Dec.25°S47′
4 05 ⊕ in perihelion
6 09 ☿ in perihelion
9 18 ☽ Zero Dec.
11 01 ☽ in Apogee
11 02 ♀ Gt.Elong. 47 ° W.
17 02 ☽ Max. Dec.25°N48′
23 14 ☽ Zero Dec.
23 23 ☽ in Perigee
30 01 ☽ Max. Dec.25°S50′

FEBRUARY
4 01 ☿ Gt.Elong. 25 ° W.
6 01 ☽ Zero Dec.
7 22 ☽ in Apogee
9 01 ☿ ☋
13 11 ☽ Max. Dec.25°N55′
19 09 ☿ in aphelion
19 16 ☽ in Perigee
19 20 ☽ Zero Dec.
26 06 ☽ Max. Dec.26°S01′
28 04 ♂ ☋

MARCH
5 08 ☽ Zero Dec.
7 17 ☽ in Apogee
12 20 ☽ Max. Dec.26°N10′
16 05 ♀ ☋
19 06 ☽ Zero Dec.
19 19 ☽ in Perigee
21 01 ☉ enters ♈,Equinox
25 11 ☽ Max. Dec.26°S16′
30 17 ☿ ☊

APRIL
1 15 ☽ Zero Dec.
4 04 ☽ in Apogee
4 09 ☿ in perihelion
9 03 ☽ Max. Dec.26°N23′
15 17 ☽ Zero Dec.
16 15 ☿ Gt.Elong. 20 ° E.
17 05 ☽ in Perigee
19 21 ♀ in aphelion
21 18 ☽ Max. Dec.26°S27′
28 21 ☽ Zero Dec.

d h MAY
1 08 ☽ in Apogee
6 10 ☽ Max. Dec.26°N30′
8 00 ☿ ☋
13 03 ☽ Zero Dec.
15 16 ☽ in Perigee
16 04 ☾ Total eclipse
18 08 ☿ in aphelion
19 03 ☽ Max. Dec.26°S30′
26 03 ☽ Zero Dec.
28 13 ☽ in Apogee
31 04 ● Annular eclipse

JUNE
2 15 ☽ Max. Dec.26°N29′
3 06 ☿ Gt.Elong. 24 ° W.
9 11 ☽ Zero Dec.
12 23 ☽ in Perigee
15 14 ☽ Max. Dec.26°S29′
21 19 ☉ enters ♋,Solstice
22 09 ☽ Zero Dec.
25 02 ☽ in Apogee
26 16 ☿ ☊
29 21 ☽ Max. Dec.26°N27′

JULY
1 08 ☿ in perihelion
4 06 ⊕ in aphelion
6 17 ☽ Zero Dec.
7 09 ♀ ☊
10 22 ☽ in Perigee
12 23 ☽ Max. Dec.26°S28′
19 17 ☽ Zero Dec.
22 02 ♄ in perihelion
22 20 ☽ in Apogee
27 04 ☽ Max. Dec.26°N30′

AUGUST
2 22 ☽ Zero Dec.
3 23 ☿ ☋
6 14 ☽ in Perigee
9 06 ☽ Max. Dec.26°S33′
10 05 ♀ in perihelion
11 04 ♆ ☋
14 07 ☿ in aphelion
14 21 ☿ Gt.Elong. 27 ° E.
16 00 ☽ Zero Dec.
19 14 ☽ in Apogee
23 12 ☽ Max. Dec.26°N39′
30 04 ☽ Zero Dec.
30 11 ♂ in perihelion
31 19 ☽ in Perigee

d h SEPTEMBER
5 12 ☽ Max. Dec.26°S45′
12 08 ☽ Zero Dec.
16 09 ☽ in Apogee
19 20 ☽ Max. Dec.26°N53′
22 15 ☿ ☊
23 11 ☉ enters ♎,Equinox
26 12 ☽ Zero Dec.
27 00 ☿ Gt.Elong. 18 ° W.
27 07 ☿ in perihelion
28 06 ☽ in Perigee

OCTOBER
2 17 ☽ Max. Dec.26°S58′
9 15 ☽ Zero Dec.
14 02 ☽ in Apogee
17 04 ☽ Max. Dec.27°N03′
23 23 ☽ Zero Dec.
26 12 ☽ in Perigee
26 22 ♀ ☋
30 00 ☽ Max. Dec.27°S06′
30 22 ☿ ☋

NOVEMBER
5 21 ☽ Zero Dec.
9 01 ☾ Total eclipse
10 07 ☿ in aphelion
10 12 ☽ in Apogee
13 10 ☽ Max. Dec.27°N06′
20 10 ☽ Zero Dec.
23 23 ☽ in Perigee
23 23 ● Total eclipse
26 09 ☽ Max. Dec.27°S06′
30 12 ♀ in aphelion

DECEMBER
3 03 ☽ Zero Dec.
7 12 ☽ in Apogee
9 06 ☿ Gt.Elong. 21 ° E.
10 16 ☽ Max. Dec.27°N03′
17 18 ☽ Zero Dec.
19 15 ☿ ☊
22 07 ☉ enters ♑,Solstice
22 12 ☽ in Perigee
23 20 ☽ Max. Dec.27°S03′
24 06 ☿ in perihelion
29 11 ♂ ☊
30 09 ☽ Zero Dec.

LOCAL MEAN TIME OF SUNRISE FOR LATITUDES
60° North to 50° South
FOR ALL SUNDAYS IN 2003 (ALL TIMES ARE A.M.)

Date	Northern Latitudes								Southern Latitudes					
	London	60°	55°	50°	40°	30°	20°	10°	0°	10°	20°	30°	40°	50°
2002	H M	H M	H M	H M	H M	H M	H M	H M	H M	H M	H M	H M	H M	H M
Dec. 29	8 5	9 4	8 25	7 59	7 21	6 55	6 34	6 16	5 58	5 41	5 22	5 1	4 33	3 52
2003														
Jan. 5	8 5	9 1	8 24	7 58	7 22	6 57	6 36	6 19	6 2	5 45	5 27	5 6	4 39	3 59
,, 12	8 3	8 54	8 20	7 56	7 22	6 57	6 38	6 20	6 4	5 49	5 31	5 11	4 45	4 8
,, 19	7 57	8 43	8 13	7 50	7 19	6 56	6 38	6 22	6 7	5 52	5 35	5 16	4 52	4 18
,, 26	7 48	8 30	8 3	7 43	7 15	6 54	6 37	6 23	6 9	5 55	5 40	5 22	5 0	4 29
Feb. 2	7 38	8 14	7 51	7 34	7 9	6 50	6 36	6 22	6 10	5 58	5 44	5 28	5 9	4 42
,, 9	7 27	7 57	7 37	7 23	7 2	6 46	6 33	6 22	6 11	6 0	5 48	5 34	5 17	4 54
,, 16	7 14	7 39	7 23	7 11	6 53	6 40	6 29	6 20	6 11	6 2	5 52	5 40	5 26	5 6
,, 23	7 0	7 19	7 7	6 58	6 44	6 34	6 25	6 17	6 10	6 3	5 55	5 46	5 34	5 19
Mar. 2	6 45	6 59	6 50	6 44	6 34	6 26	6 20	6 14	6 9	6 4	5 58	5 51	5 42	5 31
,, 9	6 30	6 38	6 33	6 29	6 23	6 18	6 14	6 11	6 8	6 4	6 0	5 56	5 50	5 42
,, 16	6 15	6 17	6 15	6 14	6 12	6 10	6 8	6 7	6 6	6 5	6 2	6 1	5 58	5 53
,, 23	5 59	5 56	5 58	5 59	6 1	6 2	6 2	6 3	6 4	6 4	6 4	6 5	6 5	6 4
,, 30	5 43	5 35	5 40	5 44	5 49	5 53	5 56	5 59	6 2	6 4	6 6	6 9	6 12	6 16
Apr. 6	5 27	5 14	5 22	5 28	5 38	5 45	5 50	5 55	5 59	6 3	6 8	6 13	6 19	6 27
,, 13	5 11	4 53	5 5	5 14	5 27	5 37	5 45	5 51	5 57	6 4	6 10	6 17	6 26	6 37
,, 20	4 56	4 32	4 48	4 59	5 16	5 29	5 39	5 48	5 56	6 4	6 12	6 21	6 33	6 48
,, 27	4 42	4 12	4 31	4 46	5 7	5 22	5 34	5 45	5 54	6 4	6 14	6 26	6 40	6 58
May 4	4 29	3 53	4 16	4 33	4 58	5 16	5 30	5 42	5 53	6 5	6 17	6 30	6 47	7 9
,, 11	4 16	3 34	4 2	4 22	4 50	5 10	5 26	5 40	5 53	6 6	6 19	6 35	6 54	7 20
,, 18	4 5	3 18	3 49	4 11	4 43	5 5	5 23	5 38	5 53	6 7	6 22	6 39	7 0	7 29
,, 25	3 56	3 3	3 38	4 3	4 38	5 2	5 21	5 38	5 53	6 9	6 25	6 43	7 6	7 38
June 1	3 49	2 50	3 30	3 56	4 34	4 59	5 20	5 38	5 54	6 10	6 28	6 47	7 11	7 46
,, 8	3 45	2 42	3 24	3 52	4 31	4 58	5 20	5 38	5 55	6 12	6 30	6 51	7 16	7 52
,, 15	3 41	2 36	3 21	3 50	4 30	4 58	5 20	5 39	5 56	6 14	6 32	6 53	7 20	7 57
,, 22	3 41	2 35	3 21	3 50	4 31	4 59	5 21	5 40	5 58	6 15	6 34	6 55	7 21	7 59
,, 29	3 45	2 39	3 24	3 53	4 33	5 1	5 23	5 42	5 59	6 16	6 35	6 56	7 22	8 0
July 6	3 50	2 46	3 29	3 58	4 37	5 4	5 25	5 44	6 1	6 18	6 36	6 57	7 22	7 59
,, 13	3 57	2 57	3 37	4 4	4 41	5 7	5 28	5 45	6 2	6 18	6 36	6 55	7 20	7 54
,, 20	4 5	3 11	3 47	4 12	4 46	5 11	5 30	5 47	6 2	6 18	6 34	6 53	7 16	7 48
,, 27	4 14	3 26	3 58	4 20	4 52	5 15	5 33	5 48	6 3	6 17	6 32	6 49	7 10	7 39
Aug. 3	4 25	3 42	4 10	4 30	4 59	5 19	5 36	5 50	6 3	6 16	6 29	6 45	7 4	7 30
,, 10	4 36	3 59	4 23	4 40	5 6	5 24	5 38	5 50	6 2	6 13	6 25	6 39	6 56	7 19
,, 17	4 47	4 16	4 36	4 51	5 12	5 28	5 40	5 51	6 1	6 11	6 21	6 33	6 47	7 7
,, 24	4 58	4 33	4 49	5 1	5 19	5 32	5 42	5 51	5 59	6 8	6 16	6 25	6 38	6 54
,, 31	5 9	4 50	5 2	5 12	5 25	5 36	5 44	5 51	5 57	6 3	6 10	6 17	6 27	6 39
Sept. 7	5 20	5 6	5 15	5 22	5 32	5 40	5 45	5 50	5 55	5 59	6 4	6 9	6 15	6 24
,, 14	5 31	5 23	5 28	5 32	5 39	5 43	5 47	5 50	5 53	5 55	5 58	6 1	6 4	6 9
,, 21	5 42	5 39	5 41	5 43	5 45	5 47	5 48	5 49	5 50	5 50	5 51	5 52	5 52	5 53
,, 28	5 54	5 56	5 54	5 54	5 52	5 51	5 50	5 49	5 48	5 46	5 45	5 43	5 41	5 38
Oct. 5	6 5	6 12	6 8	6 4	5 59	5 55	5 52	5 48	5 46	5 43	5 40	5 35	5 31	5 24
,, 12	6 17	6 29	6 21	6 15	6 6	5 59	5 54	5 48	5 44	5 39	5 34	5 27	5 20	5 9
,, 19	6 29	6 46	6 35	6 26	6 13	6 4	5 56	5 49	5 42	5 35	5 28	5 19	5 9	4 54
,, 26	6 41	7 4	6 49	6 38	6 21	6 9	5 59	5 50	5 41	5 32	5 23	5 12	4 58	4 39
Nov. 2	6 53	7 22	7 3	6 50	6 29	6 14	6 2	5 51	5 40	5 29	5 18	5 5	4 49	4 26
,, 9	7 5	7 40	7 18	7 1	6 37	6 19	6 5	5 52	5 40	5 28	5 15	5 0	4 41	4 15
,, 16	7 18	7 58	7 32	7 13	6 45	6 25	6 9	5 55	5 41	5 28	5 14	4 56	4 35	4 6
,, 23	7 30	8 15	7 45	7 24	6 53	6 31	6 13	5 58	5 43	5 28	5 12	4 53	4 30	3 57
,, 30	7 41	8 31	7 57	7 34	7 1	6 37	6 18	6 1	5 45	5 29	5 11	4 51	4 26	3 50
Dec. 7	7 50	8 44	8 8	7 43	7 8	6 42	6 22	6 4	5 48	5 31	5 13	4 51	4 25	3 46
,, 14	7 57	8 55	8 17	7 50	7 13	6 47	6 26	6 8	5 51	5 34	5 15	4 53	4 25	3 45
,, 21	8 3	9 2	8 23	7 56	7 18	6 51	6 30	6 12	5 54	5 37	5 18	4 56	4 28	3 47
,, 28	8 5	9 4	8 25	7 58	7 21	6 55	6 33	6 15	5 58	5 40	5 21	4 59	4 31	3 50
2004														
Jan. 4	8 6	9 2	8 25	7 59	7 22	6 57	6 36	6 18	6 1	5 44	5 25	5 4	4 37	3 57

Example:—To find the time of Sunrise in Jamaica [Latitude 18° N.) on Wednesday June 18th. 2003. On June 15th, L.M.T. = 5h. 20m. + $\frac{2}{10}$ × 19 m. = 5h. 24m., on June 22nd. L.M.T. = 5h. 21m. + $\frac{2}{10}$ × 19m. = 5h. 25m., therefore L.M.T. on June 18th. = 5h. 24m. + $\frac{3}{7}$ × 1m. = 5h. 24m. A.M.

LOCAL MEAN TIME OF SUNSET FOR LATITUDES
60° North to 50° South
FOR ALL SUNDAYS IN 2003 (ALL TIMES ARE P.M.)

Date	Northern Latitudes									Southern Latitudes				
	LONDON	60°	55°	50°	40°	30°	20°	10°	0°	10°	20°	30°	40°	50°
2002	H M	H M	H M	H M	H M	H M	H M	H M	H M	H M	H M	H M	H M	H M
Dec. 29	3 59	3 1	3 39	4 6	4 43	5 9	5 30	5 49	6 6	6 24	6 42	7 4	7 32	8 12
2003														
Jan. 5	4 7	3 10	3 48	4 13	4 49	5 14	5 35	5 52	6 9	6 26	6 45	7 6	7 32	8 12
,, 12	4 15	3 23	3 58	4 21	4 55	5 19	5 39	5 56	6 12	6 28	6 46	7 6	7 31	8 9
,, 19	4 25	3 39	4 9	4 31	5 3	5 25	5 43	5 59	6 14	6 29	6 45	7 4	7 28	8 3
,, 26	4 37	3 56	4 23	4 43	5 11	5 31	5 48	6 2	6 16	6 30	6 45	7 2	7 24	7 55
Feb. 2	4 50	4 14	4 37	4 54	5 19	5 37	5 52	6 5	6 17	6 30	6 43	6 58	7 17	7 44
,, 9	5 2	4 33	4 52	5 6	5 28	5 43	5 56	6 7	6 18	6 28	6 40	6 53	7 10	7 33
,, 16	5 15	4 51	5 7	5 18	5 36	5 49	5 59	6 9	6 18	6 26	6 36	6 47	7 2	7 21
,, 23	5 28	5 9	5 21	5 30	5 44	5 54	6 2	6 10	6 17	6 24	6 31	6 40	6 52	7 7
Mar. 2	5 41	5 27	5 36	5 42	5 52	5 59	6 5	6 10	6 16	6 21	6 26	6 33	6 41	6 53
,, 9	5 53	5 45	5 50	5 54	5 59	6 4	6 8	6 11	6 14	6 17	6 21	6 26	6 31	6 39
,, 16	6 4	6 2	6 4	6 5	6 7	6 8	6 10	6 11	6 12	6 14	6 15	6 18	6 20	6 25
,, 23	6 16	6 19	6 17	6 16	6 14	6 13	6 12	6 11	6 10	6 10	6 9	6 9	6 9	6 9
,, 30	6 28	6 36	6 31	6 27	6 21	6 17	6 14	6 11	6 8	6 5	6 2	5 59	5 57	5 52
Apr. 6	6 39	6 53	6 44	6 38	6 28	6 21	6 15	6 10	6 6	6 1	5 56	5 51	5 46	5 36
,, 13	6 51	7 10	6 58	6 49	6 35	6 25	6 17	6 10	6 4	5 58	5 51	5 44	5 36	5 23
,, 20	7 3	7 28	7 11	7 0	6 42	6 30	6 19	6 11	6 2	5 55	5 47	5 37	5 26	5 10
,, 27	7 15	7 45	7 25	7 11	6 49	6 34	6 22	6 11	6 1	5 52	5 42	5 30	5 16	4 56
May 4	7 26	8 2	7 39	7 21	6 56	6 38	6 24	6 12	6 0	5 49	5 37	5 23	5 6	4 43
,, 11	7 37	8 20	7 52	7 32	7 3	6 43	6 27	6 13	6 0	5 47	5 33	5 18	4 58	4 32
,, 18	7 48	8 36	8 4	7 42	7 10	6 48	6 30	6 14	6 0	5 46	5 31	5 14	4 53	4 23
,, 25	7 58	8 52	8 16	7 51	7 16	6 52	6 32	6 16	6 0	5 45	5 29	5 11	4 48	4 16
June 1	8 6	9 5	8 26	7 59	7 22	6 56	6 35	6 18	6 1	5 45	5 28	5 8	4 43	4 9
,, 8	8 13	9 16	8 34	8 6	7 26	6 59	6 38	6 20	6 2	5 46	5 28	5 7	4 42	4 5
,, 15	8 19	9 24	8 39	8 10	7 30	7 2	6 40	6 21	6 4	5 47	5 28	5 7	4 41	4 3
,, 22	8 21	9 28	8 42	8 13	7 32	7 4	6 42	6 23	6 5	5 48	5 29	5 8	4 41	4 3
,, 29	8 21	9 27	8 42	8 13	7 33	7 5	6 43	6 24	6 7	5 49	5 31	5 10	4 43	4 6
July 6	8 19	9 22	8 39	8 11	7 32	7 5	6 43	6 25	6 8	5 51	5 34	5 13	4 47	4 11
,, 13	8 13	9 12	8 33	8 6	7 29	7 3	6 43	6 25	6 9	5 53	5 36	5 16	4 52	4 18
,, 20	8 7	9 0	8 25	8 0	7 25	7 1	6 42	6 25	6 10	5 54	5 38	5 20	4 57	4 25
,, 27	7 58	8 45	8 14	7 51	7 20	6 57	6 39	6 24	6 10	5 56	5 41	5 24	5 3	4 33
Aug. 3	7 46	8 28	8 1	7 41	7 13	6 52	6 36	6 22	6 9	5 57	5 44	5 28	5 9	4 43
,, 10	7 34	8 10	7 47	7 29	7 5	6 47	6 32	6 20	6 8	5 57	5 46	5 32	5 15	4 53
,, 17	7 21	7 51	7 31	7 17	6 56	6 40	6 28	6 17	6 7	5 58	5 48	5 36	5 22	5 3
,, 24	7 7	7 31	7 15	7 3	6 46	6 33	6 23	6 14	6 6	5 58	5 50	5 40	5 29	5 13
,, 31	6 51	7 10	6 58	6 48	6 35	6 25	6 17	6 10	6 4	5 57	5 51	5 43	5 35	5 23
Sept. 7	6 35	6 49	6 40	6 33	6 24	6 16	6 11	6 6	6 2	5 57	5 52	5 47	5 41	5 33
,, 14	6 19	6 28	6 22	6 18	6 12	6 8	6 4	6 2	5 59	5 57	5 54	5 51	5 48	5 44
,, 21	6 3	6 6	6 4	6 3	6 1	5 59	5 58	5 57	5 56	5 56	5 56	5 55	5 55	5 55
,, 28	5 47	5 45	5 46	5 47	5 49	5 50	5 52	5 53	5 54	5 56	5 57	5 59	6 2	6 6
Oct. 5	5 31	5 24	5 29	5 32	5 38	5 42	5 46	5 49	5 52	5 56	5 59	6 3	6 8	6 16
,, 12	5 16	5 3	5 11	5 17	5 27	5 34	5 40	5 45	5 50	5 55	6 1	6 7	6 15	6 27
,, 19	5 1	4 43	4 54	5 3	5 16	5 26	5 34	5 42	5 48	5 55	6 3	6 12	6 23	6 38
,, 26	5 46	4 23	4 38	4 50	5 7	5 19	5 30	5 39	5 47	5 56	6 6	6 17	6 31	6 50
Nov. 2	4 33	4 4	4 23	4 37	4 58	5 13	5 26	5 37	5 47	5 57	6 9	6 22	6 38	7 1
,, 9	4 22	3 47	4 9	4 26	4 50	5 8	5 22	5 35	5 47	5 59	6 13	6 28	6 46	7 13
,, 16	4 11	3 31	3 57	4 16	4 44	5 4	5 20	5 35	5 48	6 2	6 17	6 34	6 55	7 25
,, 23	4 2	3 17	3 46	4 8	4 39	5 1	5 19	5 35	5 50	6 5	6 21	6 40	7 3	7 37
,, 30	3 56	3 5	3 39	4 2	4 36	5 0	5 19	5 36	5 52	6 8	6 25	6 45	7 11	7 47
Dec. 7	3 52	2 57	3 33	3 59	4 35	5 0	5 20	5 38	5 55	6 12	6 30	6 51	7 18	7 57
,, 14	3 51	2 54	3 32	3 58	4 35	5 2	5 22	5 41	5 58	6 16	6 35	6 56	7 24	8 4
,, 21	3 53	2 54	3 33	4 0	4 38	5 4	5 26	5 44	6 2	6 20	6 39	7 0	7 29	8 9
,, 28	3 57	2 59	3 37	4 4	4 42	5 8	5 30	5 48	6 5	6 23	6 41	7 3	7 31	8 11
2004														
Jan. 4	4 4	3 8	3 45	4 11	4 47	5 13	5 34	5 51	6 8	6 25	6 43	7 5	7 32	8 11

Example:—To find the time of Sunset in Canberra [Latitude 35·3°S.) on Friday August 1st, 2003. On July 27th. L.M.T. = 5h. 24m. − $\frac{5\cdot3}{10}$ × 21m. = 5h. 13m., on August 3rd. L.M.T. = 5h. 28m. − $\frac{5\cdot3}{10}$ × 19m. = 5h. 18m., therefore L.M.T. on August 1st = 5h. 13m. + $\frac{5}{7}$ × 5m. = 5h. 17m. P.M.

TABLES OF HOUSES FOR LONDON, Latitude 51° 32' N.

Sidereal Time.	10 ♈	11 ♉	12 ♊	Ascen ♋	2 ♌	3 ♍
H. M. S.	°	°	°	° '	°	°
0 0 0	0	9	22	26 36	12	3
0 3 40	1	10	23	27 17	13	3
0 7 20	2	11	24	27 56	14	4
0 11 0	3	12	25	28 42	15	5
0 14 41	4	13	25	29 17	15	6
0 18 21	5	14	26	29 55	16	7
0 22 2	6	15	27	0♌34	17	8
0 25 42	7	16	28	1 14	18	8
0 29 23	8	17	29	1 55	18	9
0 33 4	9	18	♋	2 33	19	10
0 36 45	10	19	1	3 14	20	11
0 40 26	11	20	1	3 54	20	12
0 44 8	12	21	2	4 33	21	13
0 47 50	13	22	3	5 12	22	14
0 51 32	14	23	4	5 52	23	15
0 55 14	15	24	5	6 30	23	15
0 58 57	16	25	6	7 9	24	16
1 2 40	17	26	6	7 50	25	17
1 6 23	18	27	7	8 30	26	18
1 10 7	19	28	8	9 9	26	19
1 13 51	20	29	9	9 48	27	19
1 17 35	21	♊	10	10 28	28	20
1 21 20	22	1	10	11 8	28	21
1 25 6	23	2	11	11 48	29	22
1 28 52	24	3	12	12 28	♍	23
1 32 38	25	4	13	13 8	1	24
1 36 25	26	5	14	13 48	1	25
1 40 12	27	6	14	14 28	2	25
1 44 0	28	7	15	15 8	3	26
1 47 48	29	8	16	15 48	4	27
1 51 37	30	9	17	16 28	4	28

Sidereal Time.	10 ♉	11 ♊	12 ♋	Ascen ♌	2 ♍	3 ♍
H. M. S.	°	°	°	° '	°	°
1 51 37	0	9	17	16 28	4	28
1 55 27	1	10	18	17 8	5	29
1 59 17	2	11	19	17 48	6	♎
2 3 8	3	12	19	18 28	7	1
2 6 59	4	13	20	19 9	8	2
2 10 51	5	14	21	19 49	9	2
2 14 44	6	15	22	20 29	9	3
2 18 37	7	16	22	21 10	10	4
2 22 31	8	17	23	21 51	11	5
2 26 25	9	18	24	22 32	11	6
2 30 20	10	19	25	23 14	12	7
2 34 16	11	20	25	23 55	13	8
2 38 13	12	21	26	24 36	14	9
2 42 10	13	22	27	25 17	15	10
2 46 8	14	23	28	25 58	15	11
2 50 7	15	24	29	26 40	16	12
2 54 7	16	25	29	27 22	17	12
2 58 7	17	26	♌	28 4	18	13
3 2 8	18	27	1	28 46	18	14
3 6 9	19	27	2	29 28	19	15
3 10 12	20	28	3	0♍12	20	16
3 14 15	21	29	3	0 54	21	17
3 18 19	22	♋	4	1 36	22	18
3 22 23	23	1	5	2 20	22	19
3 26 29	24	2	6	3 2	23	20
3 30 35	25	3	7	3 45	24	21
3 34 41	26	4	7	4 28	25	22
3 38 49	27	5	8	5 11	26	23
3 42 57	28	6	9	5 54	27	24
3 47 6	29	7	10	6 38	27	25
3 51 15	30	8	11	7 21	28	25

Sidereal Time.	10 ♊	11 ♋	12 ♌	Ascen ♍	2 ♍	3 ♎
H. M. S.	°	°	°	° '	°	°
3 51 15	0	8	11	7 21	28	25
3 55 25	1	9	12	8 5	29	26
3 59 36	2	10	12	8 49	♎	27
4 3 48	3	10	13	9 33	1	28
4 8 0	4	11	14	10 17	2	29
4 12 13	5	12	15	11 2	2	♏
4 16 26	6	13	16	11 46	3	1
4 20 40	7	14	17	12 30	4	2
4 24 55	8	15	17	13 15	5	3
4 29 10	9	16	18	14 0	6	4
4 33 26	10	17	19	14 45	7	5
4 37 42	11	18	20	15 30	8	6
4 41 59	12	19	21	16 15	8	7
4 46 16	13	20	21	17 0	9	8
4 50 34	14	21	22	17 45	10	9
4 54 52	15	22	23	18 30	11	10
4 59 10	16	23	24	19 16	12	11
5 3 29	17	24	25	20 3	13	12
5 7 49	18	25	26	20 49	14	13
5 12 9	19	25	27	21 35	14	14
5 16 29	20	26	28	22 20	15	14
5 20 49	21	27	28	23 6	16	15
5 25 9	22	28	29	23 51	17	16
5 29 30	23	29	♏	24 37	18	17
5 33 51	24	♌	1	25 23	19	18
5 38 12	25	1	2	26 9	20	19
5 42 34	26	2	3	26 55	21	20
5 46 55	27	3	4	27 41	21	21
5 51 17	28	4	4	28 27	22	22
5 55 38	29	5	5	29 13	23	23
6 0 0	30	6	6	30 0	24	24

Sidereal Time.	10 ♋	11 ♌	12 ♍	Ascen ♎	2 ♎	3 ♏
H. M. S.	°	°	°	° '	°	°
6 0 0	0	6	6	0 0	24	24
6 4 22	1	7	7	0 47	25	25
6 8 43	2	8	8	1 33	26	26
6 13 5	3	9	9	2 19	27	27
6 17 26	4	10	10	3 5	27	28
6 21 48	5	11	10	3 51	28	29
6 26 9	6	12	11	4 37	29	♐
6 30 30	7	13	12	5 23	♏	1
6 34 51	8	14	13	6 9	1	2
6 39 11	9	15	14	6 55	2	3
6 43 31	10	16	15	7 40	2	4
6 47 51	11	16	16	8 26	3	4
6 52 11	12	17	16	9 12	4	5
6 56 31	13	18	17	9 58	5	6
7 0 50	14	19	18	10 43	6	7
7 5 8	15	20	19	11 28	7	8
7 9 26	16	21	20	12 14	8	9
7 13 44	17	22	21	12 59	8	10
7 18 1	18	23	22	13 45	9	11
7 22 18	19	24	23	14 30	10	12
7 26 34	20	25	24	15 15	11	13
7 30 50	21	26	25	16 0	12	14
7 35 5	22	27	25	16 45	13	15
7 39 20	23	28	26	17 30	13	16
7 43 34	24	29	27	18 15	14	17
7 47 47	25	♍	28	18 59	15	18
7 52 0	26	1	29	19 43	16	19
7 56 12	27	2	29	20 27	17	20
8 0 24	28	3	♎	21 11	18	20
8 4 35	29	4	1	21 56	18	21
8 8 45	30	5	2	22 40	19	22

Sidereal Time.	10 ♌	11 ♍	12 ♎	Ascen ♎	2 ♏	3 ♐
H. M. S.	°	°	°	° '	°	°
8 8 45	0	5	2	22 40	19	22
8 12 54	1	5	3	23 24	20	23
8 17 3	2	6	3	24 7	21	24
8 21 11	3	7	4	24 50	22	25
8 25 19	4	8	5	25 34	23	26
8 29 26	5	9	6	26 18	23	27
8 33 31	6	10	7	27 1	24	28
8 37 37	7	11	8	27 44	25	29
8 41 41	8	12	8	28 26	26	♑
8 45 45	9	13	9	29 8	27	1
8 49 48	10	14	10	29 50	27	2
8 53 51	11	15	11	0♏32	28	3
8 57 52	12	16	12	1 15	29	4
9 1 53	13	17	12	1 58	♐	4
9 5 53	14	18	13	2 39	1	5
9 9 53	15	18	14	3 21	1	6
9 13 52	16	19	15	4 3	2	7
9 17 50	17	20	16	4 44	3	8
9 21 47	18	21	16	5 26	3	9
9 25 44	19	22	17	6 7	4	10
9 29 40	20	23	18	6 48	5	11
9 33 35	21	24	18	7 29	5	12
9 37 29	22	25	19	8 9	6	13
9 41 23	23	26	20	8 50	7	14
9 45 16	24	27	21	9 31	8	15
9 49 9	25	28	22	10 11	9	16
9 53 1	26	28	23	10 51	9	17
9 56 52	27	29	23	11 32	10	18
10 0 43	28	♎	24	12 12	11	19
10 4 33	29	1	25	12 53	12	20
10 8 23	30	2	26	13 33	13	20

Sidereal Time.	10 ♍	11 ♎	12 ♎	Ascen ♏	2 ♐	3 ♑
H. M. S.	°	°	°	° '	°	°
10 8 23	0	2	26	13 33	13	20
10 12 12	1	3	26	14 13	14	21
10 16 0	2	4	27	14 53	15	22
10 19 48	3	5	28	15 33	15	23
10 23 35	4	5	29	16 13	16	24
10 27 22	5	6	29	16 52	17	25
10 31 8	6	7	♏	17 32	18	26
10 34 54	7	8	1	18 12	19	27
10 38 40	8	9	2	18 52	20	28
10 42 25	9	10	2	19 31	20	29
10 46 9	10	11	3	20 11	21	♒
10 49 53	11	11	4	20 50	22	1
10 53 37	12	12	4	21 30	23	2
10 57 20	13	13	5	22 9	24	3
11 1 3	14	14	6	22 49	24	4
11 4 46	15	15	7	23 28	25	5
11 8 28	16	16	7	24 8	26	6
11 12 10	17	17	8	24 47	27	8
11 15 52	18	17	9	25 27	28	9
11 19 34	19	18	10	26 6	29	10
11 23 15	20	19	10	26 45	♑	11
11 26 56	21	20	11	27 25	0	12
11 30 37	22	21	12	28 5	1	13
11 34 18	23	22	13	28 44	2	14
11 37 58	24	23	13	29 24	3	15
11 41 39	25	23	14	0♐3	4	16
11 45 19	26	24	15	0 43	5	17
11 49 0	27	25	15	1 23	6	18
11 52 40	28	26	16	2 3	6	19
11 56 20	29	27	17	2 43	7	20
12 0 0	30	27	17	3 23	8	21

TABLES OF HOUSES FOR LONDON, Latitude 51º 32' *N.*

Sidereal Time.	10 ♎	11 ♎	12 ♏	Ascen ♐	2 ♑	3 ♒
H. M. S.	°	°	°	° '	°	°
12 0 0	0	27	17	3 23	8	21
12 3 40	1	28	18	4 4	9	23
12 7 20	2	29	19	4 45	10	24
12 11 0	3	♏	20	5 26	11	25
12 14 41	4	1	20	6 7	12	26
12 18 21	5	1	21	6 48	13	27
12 22 2	6	2	22	7 29	14	28
12 25 42	7	3	23	8 10	15	29
12 29 23	8	4	23	8 51	16	♓
12 33 4	9	5	24	9 33	17	2
12 36 45	10	6	25	10 15	18	3
12 40 26	11	6	25	10 57	19	4
12 44 8	12	7	26	11 40	20	5
12 47 50	13	8	27	12 22	21	6
12 51 32	14	9	28	13 4	22	7
12 55 14	15	10	28	13 47	23	9
12 58 57	16	11	29	14 30	24	10
13 2 40	17	11	♐	15 14	25	11
13 6 23	18	12	1	15 59	26	12
13 10 7	19	13	1	16 44	27	13
13 13 51	20	14	2	17 29	28	15
13 17 35	21	15	3	18 14	29	16
13 21 20	22	16	4	19 0	♒	17
13 25 6	23	16	4	19 45	1	18
13 28 52	24	17	5	20 31	2	20
13 32 38	25	18	6	21 18	4	21
13 36 25	26	19	7	22 6	5	22
13 40 12	27	20	7	22 54	6	23
13 44 0	28	21	8	23 42	7	25
13 47 48	29	21	9	24 31	8	26
13 51 37	30	22	10	25 20	10	27

Sidereal Time.	10 ♏	11 ♏	12 ♐	Ascen ♐	2 ♒	3 ♓
H. M. S.	°	°	°	° '	°	°
13 51 37	0	22	10	25 20	10	27
13 55 27	1	23	11	26 10	11	28
13 59 17	2	24	11	27 2	12	♈
14 3 8	3	25	12	27 53	14	1
14 6 59	4	26	13	28 45	15	2
14 10 51	5	26	14	29 36	16	4
14 14 44	6	27	15	0♑29	18	5
14 18 37	7	28	15	1 23	19	6
14 22 31	8	29	16	2 18	20	8
14 26 25	9	♐	17	3 14	22	9
14 30 20	10	1	18	4 11	23	10
14 34 16	11	2	19	5 9	25	11
14 38 13	12	2	20	6 7	26	13
14 42 10	13	3	20	7 6	28	14
14 46 8	14	4	21	8 6	29	15
14 50 7	15	5	22	9 8	♓	17
14 54 7	16	6	23	10 11	2	18
14 58 7	17	7	24	11 15	4	19
15 2 8	18	8	25	12 20	6	21
15 6 9	19	9	26	13 27	8	22
15 10 12	20	9	27	14 35	9	23
15 14 15	21	10	27	15 43	11	24
15 18 19	22	11	28	16 52	13	26
15 22 23	23	12	29	18 3	14	27
15 26 29	24	13	♑	19 16	16	28
15 30 35	25	14	1	20 32	17	29
15 34 41	26	15	2	21 48	19	♉
15 38 49	27	16	3	23 8	21	2
15 42 57	28	17	4	24 29	22	3
15 47 6	29	18	5	25 51	24	5
15 51 15	30	18	6	27 15	26	6

Sidereal Time.	10 ♐	11 ♐	12 ♑	Ascen ♑	2 ♓	3 ♉
H. M. S.	°	°	°	° '	°	°
15 51 15	0	18	6	27 15	26	6
15 55 25	1	19	7	28 42	28	7
15 59 36	2	20	8	0♒11	♈	9
16 3 48	3	21	9	1 42	2	10
16 8 0	4	22	10	3 16	3	11
16 12 13	5	23	11	4 53	5	12
16 16 26	6	24	12	6 32	7	14
16 20 40	7	25	13	8 13	9	15
16 24 55	8	26	14	9 57	11	16
16 29 10	9	27	16	11 44	12	17
16 33 26	10	28	17	13 34	14	18
16 37 42	11	29	18	15 26	16	20
16 41 59	12	♑	19	17 20	18	21
16 46 16	13	1	20	19 18	20	22
16 50 34	14	2	21	21 22	21	23
16 54 52	15	3	22	23 29	23	25
16 59 10	16	4	24	25 36	25	26
17 3 29	17	5	25	27 46	27	27
17 7 49	18	6	26	0♓ 0	28	28
17 12 9	19	7	27	2 19	♉	29
17 16 29	20	8	29	4 40	2	♊
17 20 49	21	9	♒	7 2	3	1
17 25 9	22	10	1	9 26	5	2
17 29 30	23	11	3	11 54	7	3
17 33 51	24	12	4	14 24	8	5
17 38 12	25	13	5	17 0	10	6
17 42 34	26	14	7	19 33	11	7
17 46 55	27	15	8	22 6	13	8
17 51 17	28	16	10	24 40	14	9
17 55 38	29	17	11	27 20	16	10
18 0 0	30	18	13	30 0	17	11

Sidereal Time.	10 ♑	11 ♑	12 ♒	Ascen ♈	2 ♉	3 ♊
H. M. S.	°	°	°	° '	°	°
18 0 0	0	18	13	0 0	17	11
18 4 22	1	20	14	2 39	19	13
18 8 43	2	21	16	5 19	20	14
18 13 5	3	22	17	7 55	22	15
18 17 26	4	23	19	10 29	23	16
18 21 48	5	24	20	13 2	25	17
18 26 9	6	25	22	15 36	26	18
18 30 30	7	26	23	18 6	28	19
18 34 51	8	27	25	20 34	29	20
18 39 11	9	29	27	22 59	♊	21
18 43 31	10	♒	28	25 22	1	22
18 47 51	11	1	♓	27 42	2	23
18 52 11	12	2	2	29 58	4	24
18 56 31	13	3	3	2♉13	5	25
19 0 50	14	4	5	4 24	6	26
19 5 8	15	6	7	6 30	8	27
19 9 26	16	7	9	8 36	9	28
19 13 44	17	8	10	10 40	10	29
19 18 1	18	9	12	12 39	11	♋
19 22 18	19	10	14	14 35	12	1
19 26 34	20	12	16	16 28	13	2
19 30 50	21	13	18	18 17	14	3
19 35 5	22	14	19	20 3	16	4
19 39 20	23	15	21	21 48	17	5
19 43 34	24	16	23	23 29	18	6
19 47 47	25	18	25	25 9	19	7
19 52 0	26	19	27	26 45	20	8
19 56 12	27	20	28	28 18	21	9
20 0 24	28	21	♈	29 49	22	10
20 4 35	29	23	2	1♊19	23	11
20 8 45	30	24	4	2 45	24	12

Sidereal Time.	10 ♒	11 ♒	12 ♈	Ascen ♊	2 ♊	3 ♋
H. M. S.	°	°	°	° '	°	°
20 8 45	0	24	4	2 45	24	12
20 12 54	1	25	6	4 9	25	12
20 17 3	2	27	7	5 32	26	13
20 21 11	3	28	9	6 53	27	14
20 25 19	4	29	11	8 12	28	15
20 29 26	5	♓	13	9 27	29	16
20 33 31	6	2	14	10 43	♋	17
20 37 37	7	3	16	11 58	1	18
20 41 41	8	4	18	13 9	2	19
20 45 45	9	6	19	14 18	3	20
20 49 48	10	7	21	15 25	3	21
20 53 51	11	8	23	16 32	4	21
20 57 52	12	9	24	17 39	5	22
21 1 53	13	11	26	18 44	6	23
21 5 53	14	12	28	19 48	7	24
21 9 53	15	13	29	20 51	8	25
21 13 52	16	15	♉	21 53	9	26
21 17 50	17	16	2	22 53	10	27
21 21 47	18	17	4	23 52	10	28
21 25 44	19	19	5	24 51	11	28
21 29 40	20	20	7	25 48	12	29
21 33 35	21	22	8	26 44	13	♌
21 37 29	22	23	10	27 40	14	1
21 41 23	23	24	11	28 34	15	2
21 45 16	24	25	13	29 29	15	3
21 49 9	25	26	14	0♋22	16	4
21 53 1	26	28	15	1 15	17	4
21 56 52	27	29	16	2 7	18	5
22 0 43	28	♈	18	2 57	19	6
22 4 33	29	2	19	3 48	19	7
22 8 23	30	3	20	4 38	20	8

Sidereal Time.	10 ♓	11 ♈	12 ♉	Ascen ♋	2 ♋	3 ♌
H. M. S.	°	°	°	° '	°	°
22 8 23	0	3	20	4 38	20	8
22 12 12	1	4	21	5 28	21	8
22 16 0	2	6	23	6 17	22	9
22 19 48	3	7	24	7 5	23	10
22 23 35	4	8	25	7 53	23	11
22 27 22	5	9	26	8 42	24	12
22 31 8	6	10	28	9 29	25	13
22 34 54	7	12	29	10 16	26	14
22 38 40	8	13	♊	11 2	26	14
22 42 25	9	14	1	11 47	27	15
22 46 9	10	15	2	12 31	28	16
22 49 53	11	17	3	13 16	29	17
22 53 37	12	18	4	14 1	29	18
22 57 20	13	19	5	14 45	♌	19
23 1 3	14	20	6	15 28	1	19
23 4 46	15	21	7	16 11	2	20
23 8 28	16	23	8	16 54	2	21
23 12 10	17	24	9	17 37	3	22
23 15 52	18	25	10	18 20	4	23
23 19 34	19	26	11	19 3	5	24
23 23 15	20	27	12	19 45	5	24
23 26 56	21	29	13	20 26	6	25
23 30 37	22	♉	14	21 8	7	26
23 34 18	23	1	15	21 50	7	27
23 37 58	24	2	16	22 31	8	28
23 41 39	25	3	17	23 12	9	28
23 45 19	26	4	18	23 53	9	29
23 49 0	27	5	19	24 32	10	♍
23 52 40	28	6	20	25 15	11	1
23 56 20	29	8	21	25 56	12	2
24 0 0	30	9	22	26 36	13	3

TABLES OF HOUSES FOR LIVERPOOL, Latitude 53º 25' *N.*

Sidereal Time.	10 ♈	11 ♉	12 ♊	Ascen ♋	2 ♌	3 ♍
H. M. S.	°	°	°	° '	°	°
0 0 0	0	9	24	28 12	14	3
0 3 40	1	10	25	28 51	14	4
0 7 20	2	12	25	29 30	15	4
0 11 0	3	13	26	0♌ 9	16	5
0 14 41	4	14	27	0 48	17	6
0 18 21	5	15	28	1 27	17	7
0 22 2	6	16	29	2 6	18	8
0 25 42	7	17	♋	2 44	19	9
0 29 23	8	18	1	3 22	19	10
0 33 4	9	19	1	4 1	20	10
0 36 45	10	20	2	4 39	21	11
0 40 26	11	21	3	5 18	22	12
0 44 8	12	22	4	5 56	22	13
0 47 50	13	23	5	6 34	23	14
0 51 32	14	24	6	7 13	24	14
0 55 14	15	25	6	7 51	24	15
0 58 57	16	26	7	8 30	25	16
1 2 40	17	27	8	9 8	26	17
1 6 23	18	28	9	9 47	26	18
1 10 7	19	29	10	10 25	27	19
1 13 51	20	♊	11	11 4	28	19
1 17 35	21	1	11	11 43	28	20
1 21 20	22	2	12	12 21	29	21
1 25 6	23	3	13	13 0	♍	22
1 28 52	24	4	14	13 39	1	23
1 32 38	25	5	15	14 17	1	24
1 36 25	26	6	15	14 56	2	25
1 40 12	27	7	16	15 35	3	25
1 44 0	28	8	17	16 14	3	26
1 47 48	29	9	18	16 53	4	27
1 51 37	30	10	18	17 32	5	28

Sidereal Time.	10 ♉	11 ♊	12 ♋	Ascen ♌	2 ♍	3 ♍
H. M. S.	°	°	°	° '	°	°
1 51 37	0	10	18	17 32	5	28
1 55 27	1	11	19	18 11	6	29
1 59 17	2	12	20	18 51	6	♎
2 3 8	3	13	21	19 30	7	1
2 6 59	4	14	22	20 9	8	2
2 10 51	5	15	22	20 49	9	2
2 14 44	6	16	23	21 28	9	3
2 18 37	7	17	24	22 8	10	4
2 22 31	8	18	25	22 48	11	5
2 26 25	9	19	25	23 28	12	6
2 30 20	10	20	26	24 8	12	7
2 34 16	11	21	27	24 48	13	8
2 38 13	12	22	28	25 28	14	9
2 42 10	13	23	29	26 8	15	10
2 46 8	14	24	29	26 49	15	10
2 50 7	15	25	♌	27 29	16	11
2 54 7	16	26	1	28 10	17	12
2 58 7	17	27	2	28 51	18	13
3 2 8	18	28	2	29 32	19	14
3 6 9	19	29	3	0♍13	19	15
3 10 12	20	29	4	0 54	20	16
3 14 15	21	♋	5	1 36	21	17
3 18 19	22	1	5	2 17	22	18
3 22 23	23	2	6	2 59	23	19
3 26 29	24	3	7	3 41	23	20
3 30 35	25	4	8	4 23	24	21
3 34 41	26	5	9	5 5	25	22
3 38 49	27	6	10	5 47	26	22
3 42 57	28	7	10	6 29	27	23
3 47 6	29	8	11	7 12	27	24
3 51 15	30	9	12	7 55	28	25

Sidereal Time.	10 ♊	11 ♋	12 ♌	Ascen ♍	2 ♍	3 ♎
H. M. S.	°	°	°	° '	°	°
3 51 15	0	9	12	7 55	28	25
3 55 25	1	10	13	8 37	29	26
3 59 36	2	11	13	9 20	♎	27
4 3 48	3	12	14	10 3	1	28
4 8 0	4	12	15	10 46	2	29
4 12 13	5	13	16	11 30	2	♏
4 16 26	6	14	17	12 13	3	1
4 20 40	7	15	18	12 56	4	2
4 24 55	8	16	18	13 40	5	3
4 29 10	9	17	19	14 24	6	4
4 33 26	10	18	20	15 8	7	5
4 37 42	11	19	21	15 52	7	6
4 41 59	12	20	21	16 36	8	6
4 46 16	13	21	22	17 20	9	7
4 50 34	14	22	23	18 4	10	8
4 54 52	15	23	24	18 48	11	9
4 59 10	16	24	25	19 32	12	10
5 3 29	17	24	26	20 17	12	11
5 7 49	18	25	26	21 1	13	12
5 12 9	19	26	27	21 46	14	13
5 16 29	20	27	28	22 31	15	14
5 20 49	21	28	29	23 16	16	15
5 25 9	22	29	♍	24 0	17	16
5 29 30	23	♌	1	24 45	18	17
5 33 51	24	1	1	25 30	18	18
5 38 12	25	2	2	26 15	19	19
5 42 34	26	3	3	27 0	20	20
5 46 55	27	4	4	27 45	21	21
5 51 17	28	5	5	28 30	22	21
5 55 38	29	6	6	29 15	23	22
6 0 0	30	7	7	30 0	23	23

Sidereal Time.	10 ♋	11 ♌	12 ♍	Ascen ♎	2 ♎	3 ♏
H. M. S.	°	°	°	° '	°	°
6 0 0	0	7	7	0 0	23	23
6 4 22	1	8	7	0 45	24	24
6 8 43	2	9	8	1 30	25	25
6 13 5	3	9	9	2 15	26	26
6 17 26	4	10	10	3 0	27	27
6 21 48	5	11	11	3 45	28	28
6 26 9	6	12	12	4 30	29	29
6 30 30	7	13	12	5 15	29	♐
6 34 51	8	14	13	6 0	♏	1
6 39 11	9	15	14	6 44	1	2
6 43 31	10	16	15	7 29	2	3
6 47 51	11	17	16	8 14	3	4
6 52 11	12	18	17	8 59	4	5
6 56 31	13	19	18	9 43	4	6
7 0 50	14	20	18	10 27	5	6
7 5 8	15	21	19	11 11	6	7
7 9 26	16	22	20	11 56	7	8
7 13 44	17	23	21	12 40	8	9
7 18 1	18	24	22	13 24	8	10
7 22 18	19	24	23	14 8	9	11
7 26 34	20	25	23	14 52	10	12
7 30 50	21	26	24	15 36	11	13
7 35 5	22	27	25	16 20	12	14
7 39 20	23	28	26	17 4	13	15
7 43 34	24	29	27	17 47	13	16
7 47 47	25	♍	28	18 30	14	17
7 52 0	26	1	28	19 13	15	18
7 56 12	27	2	29	19 57	16	18
8 0 24	28	3	♎	20 40	17	19
8 4 35	29	4	1	21 23	17	20
8 8 45	30	5	2	22 5	18	21

Sidereal Time.	10 ♌	11 ♍	12 ♎	Ascen ♎	2 ♏	3 ♐
H. M. S.	°	°	°	° '	°	°
8 8 45	0	5	2	22 5	18	21
8 12 54	1	6	2	22 48	19	22
8 17 3	2	7	3	23 30	20	23
8 21 11	3	8	4	24 13	20	24
8 25 19	4	8	5	24 55	21	25
8 29 26	5	9	6	25 37	22	26
8 33 31	6	10	7	26 19	23	27
8 37 37	7	11	7	27 1	24	28
8 41 41	8	12	8	27 43	25	29
8 45 45	9	13	9	28 24	25	♑
8 49 48	10	14	10	29 6	26	1
8 53 51	11	15	11	29 47	27	1
8 57 52	12	16	11	0♏28	28	2
9 1 53	13	17	12	1 9	28	3
9 5 53	14	18	13	1 50	29	4
9 9 53	15	19	14	2 31	♐	5
9 13 52	16	19	15	3 11	1	6
9 17 50	17	20	15	3 52	1	7
9 21 47	18	21	16	4 32	2	8
9 25 44	19	22	17	5 12	3	9
9 29 40	20	23	18	5 52	4	10
9 33 35	21	24	18	6 32	5	11
9 37 29	22	25	19	7 12	5	12
9 41 23	23	26	20	7 52	6	13
9 45 16	24	27	21	8 32	7	14
9 49 9	25	27	21	9 12	8	15
9 53 1	26	28	22	9 51	8	16
9 56 52	27	29	23	10 30	9	17
10 0 43	28	♎	24	11 9	10	17
10 4 33	29	1	24	11 49	11	18
10 8 23	30	2	25	12 28	11	19

Sidereal Time.	10 ♍	11 ♎	12 ♎	Ascen ♏	2 ♐	3 ♑
H. M. S.	°	°	°	° '	°	°
10 8 23	0	2	25	12 28	11	19
10 12 12	1	3	26	13 6	12	20
10 16 0	2	4	27	13 45	13	21
10 19 48	3	4	27	14 25	14	22
10 23 35	4	5	28	15 4	15	23
10 27 22	5	6	29	15 42	15	24
10 31 8	6	7	29	16 21	16	25
10 34 54	7	8	♏	17 0	17	26
10 38 40	8	9	1	17 39	18	27
10 42 25	9	10	2	18 17	18	28
10 46 9	10	10	2	18 55	19	29
10 49 53	11	11	3	19 34	20	♒
10 53 37	12	12	4	20 13	21	1
10 57 20	13	13	4	20 52	22	2
11 1 3	14	14	5	21 30	22	3
11 4 46	15	15	6	22 8	23	5
11 8 28	16	16	7	22 46	24	6
11 12 10	17	16	7	23 25	25	7
11 15 52	18	17	8	24 4	26	8
11 19 34	19	18	9	24 42	26	9
11 23 15	20	19	9	25 21	27	10
11 26 56	21	20	10	25 59	28	11
11 30 37	22	20	11	26 38	29	12
11 34 18	23	21	12	27 16	♑	13
11 37 58	24	22	12	27 54	1	14
11 41 39	25	23	13	28 33	1	15
11 45 19	26	24	14	29 11	2	16
11 49 0	27	25	14	29 50	3	17
11 52 40	28	26	15	0♐30	4	18
11 56 20	29	26	16	1 9	5	20
12 0 0	30	27	16	1 48	6	21

TABLES OF HOUSES FOR LIVERPOOL, Latitude 53º 25' *N.*

Sidereal Time.	10 ♎	11 ♎	12 ♏	Ascen ♐	2 ♑	3 ♒
H. M. S.	°	°	°	° '	°	°
12 0 0	0	27	16	1 48	6	21
12 3 40	1	28	17	2 27	7	22
12 7 20	2	29	18	3 6	8	23
12 11 0	3	♏	18	3 46	9	24
12 14 41	4	0	19	4 25	10	25
12 18 21	5	1	20	5 6	10	26
12 22 2	6	2	21	5 46	11	28
12 25 42	7	3	21	6 26	12	29
12 29 23	8	4	22	7 6	13	♓
12 33 4	9	4	23	7 46	14	1
12 36 45	10	5	24	8 27	15	2
12 40 26	11	6	24	9 8	16	3
12 44 8	12	7	25	9 49	17	5
12 47 50	13	8	26	10 30	18	6
12 51 32	14	9	26	11 12	19	7
12 55 14	15	9	27	11 54	20	8
12 58 57	16	10	28	12 36	21	10
13 2 40	17	11	28	13 19	22	11
13 6 23	18	12	29	14 2	23	12
13 10 7	19	13	♐	14 45	25	13
13 13 51	20	13	1	15 28	26	15
13 17 35	21	14	1	16 12	27	16
13 21 20	22	15	2	16 56	28	17
13 25 6	23	16	3	17 41	29	18
13 28 52	24	17	4	18 26	♒	19
13 32 38	25	17	4	19 11	1	21
13 36 25	26	18	5	19 57	3	22
13 40 12	27	19	6	20 44	4	23
13 44 0	28	20	7	21 31	5	24
13 47 48	29	21	7	22 18	7	26
13 51 37	30	21	8	23 6	8	27

Sidereal Time.	10 ♏	11 ♏	12 ♐	Ascen ♐	2 ♒	3 ♓
H. M. S.	°	°	°	° '	°	°
13 51 37	0	21	8	23 6	8	27
13 55 27	1	22	9	23 55	9	28
13 59 17	2	23	10	24 43	10	♈
14 3 8	3	24	10	25 33	12	1
14 6 59	4	25	11	26 23	13	2
14 10 51	5	26	12	27 14	15	4
14 14 44	6	26	13	28 6	16	5
14 18 37	7	27	13	28 59	18	6
14 22 31	8	28	14	29 52	19	8
14 26 25	9	29	15	0♑46	20	9
14 30 20	10	♐	16	1 41	22	10
14 34 16	11	1	17	2 36	23	11
14 38 13	12	2	18	3 33	25	13
14 42 10	13	2	18	4 30	26	14
14 46 8	14	3	19	5 29	28	16
14 50 7	15	4	20	6 29	♓	17
14 54 7	16	5	21	7 30	1	18
14 58 7	17	6	22	8 32	3	20
15 2 8	18	7	23	9 35	5	21
15 6 9	19	8	24	10 39	6	22
15 10 12	20	8	24	11 45	8	23
15 14 15	21	9	25	12 52	10	25
15 18 19	22	10	26	14 1	11	26
15 22 23	23	11	27	15 11	13	27
15 26 29	24	12	28	16 23	15	29
15 30 35	25	13	29	17 37	17	♉
15 34 41	26	14	♑	18 53	19	1
15 38 49	27	15	1	20 10	21	3
15 42 57	28	16	2	21 29	22	4
15 47 6	29	16	3	22 51	24	5
15 51 15	30	17	4	24 15	26	7

Sidereal Time.	10 ♐	11 ♐	12 ♑	Ascen ♑	2 ♓	3 ♉
H. M. S.	°	°	°	° '	°	°
15 51 15	0	17	4	24 15	26	7
15 55 25	1	18	5	25 41	28	8
15 59 36	2	19	6	27 10	♈	9
16 3 48	3	20	7	28 41	2	10
16 8 0	4	21	8	0♒14	4	12
16 12 13	5	22	9	1 50	5	13
16 16 26	6	23	10	3 30	7	14
16 20 40	7	24	11	5 13	9	15
16 24 55	8	25	12	6 58	11	17
16 29 10	9	26	13	8 46	13	18
16 33 26	10	27	14	10 38	15	19
16 37 42	11	28	15	12 32	17	20
16 41 59	12	29	16	14 31	19	22
16 46 16	13	♑	18	16 33	20	23
16 50 34	14	1	19	18 40	22	24
16 54 52	15	2	20	20 50	24	25
16 59 10	16	3	21	23 4	26	26
17 3 29	17	4	22	25 21	28	28
17 7 49	18	5	24	27 42	29	29
17 12 9	19	6	25	0♓8	♉	♊
17 16 29	20	7	26	2 37	3	1
17 20 49	21	8	28	5 10	5	3
17 25 9	22	9	29	7 46	6	4
17 29 30	23	10	♒	10 24	8	5
17 33 51	24	11	2	13 7	10	6
17 38 12	25	12	3	15 52	11	7
17 42 34	26	13	4	18 38	13	8
17 46 55	27	14	6	21 27	15	9
17 51 17	28	15	7	24 17	16	10
17 55 38	29	16	9	27 8	18	12
18 0 0	30	17	11	30 0	19	13

Sidereal Time.	10 ♑	11 ♑	12 ♒	Ascen ♈	2 ♉	3 ♊
H. M. S.	°	°	°	° '	°	°
18 0 0	0	17	11	0 0	19	13
18 4 22	1	18	12	2 52	21	14
18 8 43	2	20	14	5 43	23	15
18 13 5	3	21	15	8 33	24	16
18 17 26	4	22	17	11 22	25	17
18 21 48	5	23	19	14 8	27	18
18 26 9	6	24	20	16 53	28	19
18 30 30	7	25	22	19 36	♊	20
18 34 51	8	26	24	22 14	1	21
18 39 11	9	27	25	24 50	2	22
18 43 31	10	29	27	27 23	4	23
18 47 51	11	♒	28	29 52	5	24
18 52 11	12	1	♓	2♉18	6	25
18 56 31	13	2	2	4 39	8	26
19 0 50	14	4	4	6 56	9	27
19 5 8	15	5	6	9 10	10	28
19 9 26	16	6	8	11 20	11	29
19 13 44	17	7	10	13 27	12	♋
19 18 1	18	8	11	15 29	14	1
19 22 18	19	9	13	17 28	15	2
19 26 34	20	11	15	19 22	16	3
19 30 50	21	12	17	21 14	17	4
19 35 5	22	13	19	23 2	18	5
19 39 20	23	15	21	24 47	19	6
19 43 34	24	16	23	26 30	20	7
19 47 47	25	17	25	28 10	21	8
19 52 0	26	18	26	29 46	22	9
19 56 12	27	20	28	1♊19	23	10
20 0 24	28	21	♈	2 50	24	11
20 4 35	29	22	2	4 19	25	12
20 8 45	30	23	4	5 45	26	13

Sidereal Time.	10 ♒	11 ♒	12 ♈	Ascen ♊	2 ♊	3 ♋
H. M. S.	°	°	°	° '	°	°
20 8 45	0	23	4	5 45	26	13
20 12 54	1	25	6	7 9	27	14
20 17 3	2	26	8	8 31	28	14
20 21 11	3	27	9	9 50	29	15
20 25 19	4	29	11	11 7	♋	16
20 29 26	5	♓	13	12 23	1	17
20 33 31	6	1	15	13 37	2	18
20 37 37	7	3	17	14 49	3	19
20 41 41	8	4	19	15 59	4	20
20 45 45	9	5	20	17 8	5	21
20 49 48	10	7	22	18 15	6	22
20 53 51	11	8	24	19 21	7	22
20 57 52	12	10	25	20 25	7	23
21 1 53	13	11	27	21 28	8	24
21 5 53	14	12	29	22 30	9	25
21 9 53	15	13	♉	23 31	10	26
21 13 52	16	14	2	24 31	11	27
21 17 50	17	16	4	25 30	12	28
21 21 47	18	17	5	26 27	12	28
21 25 44	19	18	7	27 24	13	29
21 29 40	20	20	8	28 19	14	♌
21 33 35	21	21	10	29 14	15	1
21 37 29	22	22	11	0♋8	16	2
21 41 23	23	24	12	1 1	17	3
21 45 16	24	25	14	1 54	17	4
21 49 9	25	26	15	2 46	18	4
21 53 1	26	28	17	3 37	19	5
21 56 52	27	29	18	4 27	20	6
22 0 43	28	♈	20	5 17	20	7
22 4 33	29	2	21	6 5	21	8
22 8 23	30	3	22	6 54	22	8

Sidereal Time.	10 ♓	11 ♈	12 ♉	Ascen ♋	2 ♋	3 ♌
H. M. S.	°	°	°	° '	°	°
22 8 23	0	3	22	6 54	22	8
22 12 12	1	4	23	7 42	23	9
22 16 0	2	5	25	8 29	23	10
22 19 48	3	7	26	9 16	24	11
22 23 35	4	8	27	10 3	25	12
22 27 22	5	9	29	10 49	26	13
22 31 8	6	11	♊	11 34	26	13
22 34 54	7	12	1	12 19	27	14
22 38 40	8	13	2	13 3	28	15
22 42 25	9	14	3	13 48	29	16
22 46 9	10	16	4	14 32	29	17
22 49 53	11	17	5	15 15	♌	17
22 53 37	12	18	7	15 58	1	18
22 57 20	13	19	8	16 41	2	19
23 1 3	14	20	9	17 24	2	20
23 4 46	15	22	10	18 6	3	21
23 8 28	16	23	11	18 48	4	21
23 12 10	17	24	12	19 30	4	22
23 15 52	18	25	13	20 11	5	23
23 19 34	19	27	14	20 52	6	24
23 23 15	20	28	15	21 33	6	25
23 26 56	21	29	16	22 14	7	26
23 30 37	22	♉	17	22 54	8	26
23 34 18	23	1	18	23 34	9	27
23 37 58	24	2	19	24 14	9	28
23 41 39	25	4	20	24 54	10	29
23 45 19	26	5	21	25 35	11	♍
23 49 0	27	6	22	26 14	11	0
23 52 40	28	7	22	26 54	12	1
23 56 20	29	8	23	27 33	13	2
24 0 0	30	9	24	28 12	14	3

TABLES OF HOUSES FOR NEW YORK, Latitude 40° 43' *N.*

Sidereal Time.	10 ♈	11 ♉	12 ♊	Ascen ♋	2 ♌	3 ♍
H. M. S.	°	°	°	° '	°	°
0 0 0	0	6	15	18 53	8	1
0 3 40	1	7	16	19 38	9	2
0 7 20	2	8	17	20 23	10	3
0 11 0	3	9	18	21 12	11	4
0 14 41	4	11	19	21 55	12	5
0 18 21	5	12	20	22 40	12	5
0 22 2	6	13	21	23 24	13	6
0 25 42	7	14	22	24 8	14	7
0 29 23	8	15	23	24 54	15	8
0 33 4	9	16	23	25 37	15	9
0 36 45	10	17	24	26 22	16	10
0 40 26	11	18	25	27 5	17	11
0 44 8	12	19	26	27 50	18	12
0 47 50	13	20	27	28 33	19	13
0 51 32	14	21	28	29 18	19	13
0 55 14	15	22	28	0♌ 3	20	14
0 58 57	16	23	29	0 46	21	15
1 2 40	17	24	♋	1 31	22	16
1 6 23	18	25	1	2 14	22	17
1 10 7	19	26	2	2 58	23	18
1 13 51	20	27	3	3 43	24	19
1 17 35	21	28	3	4 27	25	20
1 21 20	22	29	4	5 12	25	21
1 25 6	23	♊	5	5 56	26	22
1 28 52	24	1	6	6 40	27	22
1 32 38	25	2	7	7 25	28	23
1 36 25	26	2	8	8 9	29	24
1 40 12	27	3	9	8 53	♍	25
1 44 0	28	4	10	9 38	1	26
1 47 48	29	5	10	10 24	1	27
1 51 37	30	6	11	11 8	2	28

Sidereal Time.	10 ♉	11 ♊	12 ♋	Ascen ♌	2 ♍	3 ♍
H. M. S.	°	°	°	° '	°	°
1 51 37	0	6	11	11 8	2	28
1 55 27	1	7	12	11 53	3	29
1 59 17	2	8	13	12 38	4	♎
2 3 8	3	9	14	13 22	5	1
2 6 59	4	10	15	14 8	5	2
2 10 51	5	11	15	14 53	6	3
2 14 44	6	12	16	15 39	7	4
2 18 37	7	13	17	16 24	8	4
2 22 31	8	14	18	17 10	9	5
2 26 25	9	15	19	17 56	10	6
2 30 20	10	16	20	18 41	10	7
2 34 16	11	17	20	19 27	11	8
2 38 13	12	18	21	20 14	12	9
2 42 10	13	19	22	21 0	13	10
2 46 8	14	19	23	21 47	14	11
2 50 7	15	20	24	22 33	15	12
2 54 7	16	21	25	23 20	16	13
2 58 7	17	22	25	24 7	17	14
3 2 8	18	23	26	24 54	17	15
3 6 9	19	24	27	25 42	18	16
3 10 12	20	25	28	26 29	19	17
3 14 15	21	26	29	27 17	20	18
3 18 19	22	27	♌	28 4	21	19
3 22 23	23	28	1	28 52	22	20
3 26 29	24	29	1	29 40	23	21
3 30 35	25	♋	2	0♍29	24	22
3 34 41	26	1	3	1 17	24	23
3 38 49	27	2	4	2 6	25	24
3 42 57	28	3	5	2 55	26	25
3 47 6	29	4	6	3 43	27	26
3 51 15	30	5	7	4 32	28	27

Sidereal Time.	10 ♊	11 ♋	12 ♌	Ascen ♍	2 ♍	3 ♎
H. M. S.	°	°	°	° '	°	°
3 51 15	0	5	7	4 32	28	27
3 55 25	1	6	8	5 22	29	28
3 59 36	2	6	8	6 10	♎	29
4 3 48	3	7	9	7 0	1	♏
4 8 0	4	8	10	7 49	2	1
4 12 13	5	9	11	8 40	3	2
4 16 26	6	10	12	9 30	4	3
4 20 40	7	11	13	10 19	4	4
4 24 55	8	12	14	11 10	5	5
4 29 10	9	13	15	12 0	6	6
4 33 26	10	14	16	12 51	7	7
4 37 42	11	15	16	13 41	8	8
4 41 59	12	16	17	14 32	9	9
4 46 16	13	17	18	15 23	10	10
4 50 34	14	18	19	16 14	11	11
4 54 52	15	19	20	17 5	12	12
4 59 10	16	20	21	17 56	13	13
5 3 29	17	21	22	18 47	14	14
5 7 49	18	22	23	19 39	15	15
5 12 9	19	23	24	20 30	16	16
5 16 29	20	24	25	21 22	17	17
5 20 49	21	25	25	22 13	18	18
5 25 9	22	26	26	23 5	18	19
5 29 30	23	27	27	23 57	19	20
5 33 51	24	28	28	24 49	20	21
5 38 12	25	29	29	25 40	21	22
5 42 34	26	♌	♍	26 32	22	22
5 46 55	27	1	1	27 25	23	23
5 51 17	28	2	2	28 16	24	24
5 55 38	29	3	3	29 8	25	25
6 0 0	30	4	4	30 0	26	26

Sidereal Time.	10 ♋	11 ♌	12 ♍	Ascen ♎	2 ♎	3 ♏
H. M. S.	°	°	°	° '	°	°
6 0 0	0	4	4	0 0	26	26
6 4 22	1	5	5	0 52	27	27
6 8 43	2	6	6	1 44	28	28
6 13 5	3	6	7	2 35	29	29
6 17 26	4	7	8	3 28	♏	♐
6 21 48	5	8	9	4 20	1	1
6 26 9	6	9	10	5 11	2	2
6 30 30	7	10	11	6 3	3	3
6 34 51	8	11	12	6 55	3	4
6 39 11	9	12	13	7 47	4	5
6 43 31	10	13	14	8 38	5	6
6 47 51	11	14	15	9 30	6	7
6 52 11	12	15	15	10 21	7	8
6 56 31	13	16	16	11 13	8	9
7 0 50	14	17	17	12 4	9	10
7 5 8	15	18	18	12 55	10	11
7 9 26	16	19	19	13 46	11	12
7 13 44	17	20	20	14 37	12	13
7 18 1	18	21	21	15 28	13	14
7 22 18	19	22	22	16 19	14	15
7 26 34	20	23	23	17 9	14	16
7 30 50	21	24	23	18 0	15	17
7 35 5	22	25	24	18 50	16	18
7 39 20	23	26	25	19 41	17	19
7 43 34	24	27	26	20 30	18	20
7 47 47	25	28	27	21 20	19	21
7 52 0	26	29	28	22 11	20	22
7 56 12	27	♍	29	23 0	21	23
8 0 24	28	1	♎	23 50	21	24
8 4 35	29	2	1	24 38	22	24
8 8 45	30	3	2	25 28	23	25

Sidereal Time.	10 ♌	11 ♍	12 ♎	Ascen ♎	2 ♏	3 ♐
H. M. S.	°	°	°	° '	°	°
8 8 45	0	3	2	25 28	23	25
8 12 54	1	4	3	26 17	24	26
8 17 3	2	5	4	27 5	25	27
8 21 11	3	6	5	27 54	26	28
8 25 19	4	7	6	28 43	27	29
8 29 26	5	8	7	29 31	28	♑
8 33 31	6	9	7	0♏20	28	1
8 37 37	7	10	8	1 8	29	2
8 41 41	8	11	9	1 56	♐	3
8 45 45	9	12	10	2 43	1	4
8 49 48	10	13	11	3 31	2	5
8 53 51	11	14	12	4 18	3	6
8 57 52	12	15	12	5 6	4	7
9 1 53	13	16	13	5 53	5	8
9 5 53	14	17	14	6 40	5	9
9 9 53	15	18	15	7 27	6	10
9 13 52	16	19	16	8 13	7	10
9 17 50	17	20	17	9 0	8	11
9 21 47	18	21	18	9 46	9	12
9 25 44	19	22	19	10 33	10	13
9 29 40	20	23	19	11 19	10	14
9 33 35	21	24	20	12 4	11	15
9 37 29	22	24	21	12 50	12	16
9 41 23	23	25	22	13 36	13	17
9 45 16	24	26	23	14 21	14	18
9 49 9	25	27	24	15 7	15	19
9 53 1	26	28	24	15 52	15	20
9 56 52	27	29	25	16 38	16	21
10 0 43	28	♎	26	17 22	17	22
10 4 33	29	1	27	18 7	18	23
10 8 23	30	2	28	18 52	19	24

Sidereal Time.	10 ♍	11 ♎	12 ♎	Ascen ♏	2 ♐	3 ♑
H. M. S.	°	°	°	° '	°	°
10 8 23	0	2	28	18 52	19	24
10 12 12	1	3	29	19 36	20	25
10 16 0	2	4	29	20 22	20	26
10 19 48	3	5	♏	21 7	21	27
10 23 35	4	6	1	21 51	22	28
10 27 22	5	7	1	22 35	23	28
10 31 8	6	7	2	23 20	24	29
10 34 54	7	8	3	24 4	25	♒
10 38 40	8	9	4	24 48	25	1
10 42 25	9	10	5	25 33	26	2
10 46 9	10	11	6	26 17	27	3
10 49 53	11	12	7	27 2	28	4
10 53 37	12	13	7	27 46	29	5
10 57 20	13	14	8	28 29	♑	6
11 1 3	14	15	9	29 14	1	7
11 4 46	15	16	10	29 57	1	8
11 8 28	16	17	11	0♐42	2	9
11 12 10	17	17	11	1 27	3	10
11 15 52	18	18	12	2 10	4	11
11 19 34	19	19	13	2 55	5	12
11 23 15	20	20	14	3 38	6	13
11 26 56	21	21	14	4 23	7	14
11 30 37	22	22	15	5 6	7	15
11 34 18	23	23	16	5 52	8	16
11 37 58	24	23	17	6 36	9	17
11 41 39	25	24	18	7 20	10	18
11 45 19	26	25	18	8 5	11	19
11 49 0	27	26	19	8 48	12	20
11 52 40	28	27	20	9 37	13	22
11 56 20	29	28	21	10 22	14	23
12 0 0	30	29	21	11 7	15	24

TABLES OF HOUSES FOR NEW YORK, Latitude 40° 43' N.

Sidereal Time.	10 ♎	11 ♎	12 ♏	Ascen ♐	2 ♑	3 ♒	Sidereal Time.	10 ♏	11 ♏	12 ♐	Ascen ♑	2 ♒	3 ♓	Sidereal Time.	10 ♐	11 ♐	12 ♑	Ascen ♒	2 ♓	3 ♉
H. M. S.	°	°	°	° '	°	°	H. M. S.	°	°	°	° '	°	°	H. M. S.	°	°	°	° '	°	°
12 0 0	0	29	21	11 7	15	24	13 51 37	0	25	15	5 35	16	27	15 51 15	0	21	13	9 8	27	4
12 3 40	1	♏	22	11 52	16	25	13 55 27	1	25	16	6 30	17	29	15 55 25	1	22	14	10 31	28	5
12 7 20	2	1	23	12 37	17	26	13 59 17	2	26	17	7 27	18	♈	15 59 36	2	23	15	11 56	♈	6
12 11 0	3	1	24	13 19	17	27	14 3 8	3	27	18	8 23	20	1	16 3 48	3	24	16	13 23	1	7
12 14 41	4	2	25	14 7	18	28	14 6 59	4	28	18	9 20	21	2	16 8 0	4	25	17	14 50	3	9
12 18 21	5	3	25	14 52	19	29	14 10 51	5	29	19	10 18	22	3	16 12 13	5	26	18	16 9	4	10
12 22 2	6	4	26	15 38	20	♓	14 14 44	6	♐	20	11 16	23	5	16 16 26	6	27	19	17 50	6	11
12 25 42	7	5	27	16 23	21	1	14 18 37	7	1	21	12 15	24	6	16 20 40	7	28	20	19 22	7	12
12 29 23	8	6	28	17 11	22	2	14 22 31	8	2	22	13 15	26	7	16 24 55	8	29	21	20 56	9	13
12 33 4	9	6	28	17 58	23	3	14 26 25	9	2	23	14 16	27	8	16 29 10	9	♑	22	22 30	11	15
12 36 45	10	7	29	18 45	24	4	14 30 20	10	3	24	15 17	28	9	16 33 26	10	1	23	24 7	12	16
12 40 26	11	8	♐	19 32	25	5	14 34 16	11	4	24	16 19	♓	11	16 37 42	11	2	24	25 44	14	17
12 44 8	12	9	1	20 20	26	7	14 38 13	12	5	25	17 23	1	12	16 41 59	12	3	26	27 23	15	18
12 47 50	13	10	2	21 8	27	8	14 42 10	13	6	26	18 27	2	13	16 46 16	13	4	27	29 4	17	19
12 51 32	14	11	2	21 57	28	9	14 46 8	14	7	27	19 32	4	14	16 50 34	14	5	28	0♓45	18	20
12 55 14	15	12	3	22 43	29	10	14 50 7	15	8	28	20 37	5	16	16 54 52	15	6	29	2 27	20	22
12 58 57	16	13	4	23 33	♒	11	14 54 7	16	9	29	21 44	6	17	16 59 10	16	7	♒	4 11	21	23
13 2 40	17	13	5	24 22	1	12	14 58 7	17	10	♑	22 51	8	18	17 3 29	17	8	2	5 56	23	24
13 6 23	18	14	6	25 11	2	13	15 2 8	18	10	1	23 59	9	19	17 7 49	18	9	3	7 43	24	25
13 10 7	19	15	7	26 1	3	15	15 6 9	19	11	2	25 9	11	20	17 12 9	19	10	4	9 30	26	26
13 13 51	20	16	7	26 51	5	16	15 10 12	20	12	3	26 19	12	22	17 16 29	20	11	5	11 18	27	27
13 17 35	21	17	8	27 40	6	17	15 14 15	21	13	4	27 31	14	23	17 20 49	21	12	7	13 8	29	28
13 21 20	22	18	9	28 32	7	18	15 18 19	22	14	5	28 43	15	24	17 25 9	22	13	8	14 57	♉	♊
13 25 6	23	19	10	29 23	8	19	15 22 23	23	15	6	29 57	16	25	17 29 30	23	14	9	16 48	2	1
13 28 52	24	19	10	0♑14	9	20	15 26 29	24	16	6	1♒14	18	26	17 33 51	24	15	10	18 41	3	2
13 32 38	25	20	11	1 7	10	21	15 30 35	25	17	7	2 28	19	28	17 38 12	25	16	12	20 33	5	3
13 36 25	26	21	12	2 0	11	23	15 34 41	26	18	8	3 46	21	29	17 42 34	26	17	13	22 25	6	4
13 40 12	27	22	13	2 52	12	24	15 38 49	27	19	9	5 5	22	♉	17 46 55	27	19	14	24 19	7	5
13 44 0	28	23	13	3 46	13	25	15 42 57	28	20	10	6 25	24	1	17 51 17	28	20	16	26 12	9	6
13 47 48	29	24	14	4 41	15	26	15 47 6	29	21	11	7 46	25	3	17 55 38	29	21	17	28 7	10	7
13 51 37	30	25	15	5 35	16	27	15 51 15	30	21	13	9 8	27	4	18 0 0	30	22	18	30 0	12	9

Sidereal Time.	10 ♑	11 ♑	12 ♒	Ascen ♈	2 ♉	3 ♊	Sidereal Time.	10 ♒	11 ♒	12 ♈	Ascen ♉	2 ♊	3 ♋	Sidereal Time.	10 ♓	11 ♈	12 ♉	Ascen ♊	2 ♋	3 ♌
H. M. S.	°	°	°	° '	°	°	H. M. S.	°	°	°	° '	°	°	H. M. S.	°	°	°	° '	°	°
18 0 0	0	22	18	0 0	12	9	20 8 45	0	26	3	20 52	17	9	22 8 23	0	3	14	24 25	15	5
18 4 22	1	23	20	1 53	13	10	20 12 54	1	27	5	22 14	18	9	22 12 12	1	4	15	25 19	16	6
18 8 43	2	24	21	3 48	14	11	20 17 3	2	29	6	23 35	19	10	22 16 0	2	5	17	26 14	17	7
18 13 5	3	25	23	5 41	16	12	20 21 11	3	♓	8	24 55	20	11	22 19 48	3	6	18	27 8	17	8
18 17 26	4	26	24	7 35	17	13	20 25 19	4	1	9	26 14	21	12	22 23 35	4	7	19	28 0	18	9
18 21 48	5	27	25	9 27	18	14	20 29 26	5	2	11	27 32	22	13	22 27 22	5	8	20	28 53	19	10
18 26 9	6	28	27	11 19	20	15	20 33 31	6	3	12	28 46	23	14	22 31 8	6	10	21	29 46	20	11
18 30 30	7	29	28	13 12	21	16	20 37 37	7	5	14	0♊3	24	15	22 34 54	7	11	22	0♋37	21	11
18 34 51	8	♒	♓	15 3	22	17	20 41 41	8	6	15	1 17	25	16	22 38 40	8	12	23	1 28	21	12
18 39 11	9	2	1	16 52	23	18	20 45 45	9	7	16	2 29	26	17	22 42 25	9	13	24	2 20	22	13
18 43 31	10	3	3	18 42	25	19	20 49 48	10	8	18	3 41	27	18	22 46 9	10	14	25	3 9	23	14
18 47 51	11	4	4	20 30	26	20	20 53 51	11	10	19	4 51	28	19	22 49 53	11	15	27	3 59	24	15
18 52 11	12	5	5	22 17	27	21	20 57 52	12	11	21	6 1	29	20	22 53 37	12	17	28	4 49	24	16
18 56 31	13	6	7	24 4	29	22	21 1 53	13	12	22	7 9	♋	20	22 57 20	13	18	29	5 38	25	17
19 0 50	14	7	9	25 49	♊	23	21 5 53	14	13	24	8 16	1	21	23 1 3	14	19	♊	6 27	26	17
19 5 8	15	9	10	27 33	1	24	21 9 53	15	14	25	9 23	2	22	23 4 46	15	20	1	7 17	27	18
19 9 26	16	10	12	29 15	2	25	21 13 52	16	16	26	10 30	3	23	23 8 28	16	21	2	8 3	28	19
19 13 44	17	11	13	0♉56	3	26	21 17 50	17	17	28	11 33	4	24	23 12 10	17	22	3	8 52	28	20
19 18 1	18	12	15	2 37	4	27	21 21 47	18	18	29	12 37	5	25	23 15 52	18	23	4	9 40	29	21
19 22 18	19	13	16	4 16	6	28	21 25 44	19	19	♉	13 41	6	26	23 19 34	19	24	5	10 28	♌	22
19 26 34	20	14	18	5 53	7	29	21 29 40	20	21	2	14 43	6	27	23 23 15	20	26	6	11 15	1	23
19 30 50	21	16	19	7 30	8	♋	21 33 35	21	22	3	15 44	7	28	23 26 56	21	27	7	12 2	2	23
19 35 5	22	17	21	9 4	9	1	21 37 29	22	23	4	16 45	8	28	23 30 37	22	28	8	12 49	2	24
19 39 20	23	18	22	10 38	10	2	21 41 23	23	24	6	17 45	9	29	23 34 18	23	29	9	13 37	3	25
19 43 34	24	19	24	12 10	11	3	21 45 16	24	25	7	18 44	10	♌	23 37 58	24	♉	10	14 22	4	26
19 47 47	25	20	25	13 41	12	4	21 49 9	25	27	8	19 42	11	1	23 41 39	25	1	11	15 8	5	27
19 52 0	26	21	27	15 10	13	5	21 53 1	26	28	9	20 40	12	2	23 45 19	26	2	12	15 53	5	28
19 56 12	27	23	29	16 37	14	6	21 56 52	27	29	11	21 37	12	3	23 49 0	27	3	12	16 41	6	29
20 0 24	28	24	♈	18 4	15	7	22 0 43	28	♈	12	22 33	13	4	23 52 40	28	4	13	17 23	7	29
20 4 35	29	25	2	19 29	16	8	22 4 33	29	1	13	23 30	14	5	23 56 20	29	5	14	18 8	8	♍
20 8 45	30	26	3	20 52	17	9	22 8 23	30	3	14	24 25	15	5	24 0 0	30	6	15	18 53	9	1

PROPORTIONAL LOGARITHMS FOR FINDING THE PLANETS' PLACES

DEGREES OR HOURS

Min	0	1	2	3	4	5	6	7	8	9	10	11	12	13	14	15	Min
0	3.1584	1.3802	1.0792	9031	7781	6812	6021	5351	4771	4260	3802	3388	3010	2663	2341	2041	0
1	3.1584	1.3730	1.0756	9007	7763	6798	6009	5341	4762	4252	3795	3382	3004	2657	2336	2036	1
2	2.8573	1.3660	1.0720	8983	7745	6784	5997	5330	4753	4244	3788	3375	2998	2652	2330	2032	2
3	2.6812	1.3590	1.0685	8959	7728	6769	5985	5320	4744	4236	3780	3368	2992	2646	2325	2027	3
4	2.5563	1.3522	1.0649	8935	7710	6755	5973	5310	4735	4228	3773	3362	2986	2640	2320	2022	4
5	2.4594	1.3454	1.0614	8912	7692	6741	5961	5300	4726	4220	3766	3355	2980	2635	2315	2017	5
6	2.3802	1.3388	1.0580	8888	7674	6726	5949	5289	4717	4212	3759	3349	2974	2629	2310	2012	6
7	2.3133	1.3323	1.0546	8865	7657	6712	5937	5279	4708	4204	3752	3342	2968	2624	2305	2008	7
8	2.2553	1.3258	1.0511	8842	7639	6698	5925	5269	4699	4196	3745	3336	2962	2618	2300	2003	8
9	2.2041	1.3195	1.0478	8819	7622	6684	5913	5259	4690	4188	3737	3329	2956	2613	2295	1998	9
10	2.1584	1.3133	1.0444	8796	7604	6670	5902	5249	4682	4180	3730	3323	2950	2607	2289	1993	10
11	2.1170	1.3071	1.0411	8773	7587	6656	5890	5239	4673	4172	3723	3316	2944	2602	2284	1988	11
12	2.0792	1.3010	1.0378	8751	7570	6642	5878	5229	4664	4164	3716	3310	2938	2596	2279	1984	12
13	2.0444	1.2950	1.0345	8728	7552	6628	5866	5219	4655	4156	3709	3303	2933	2591	2274	1979	13
14	2.0122	1.2891	1.0313	8706	7535	6614	5855	5209	4646	4148	3702	3297	2927	2585	2269	1974	14
15	1.9823	1.2833	1.0280	8683	7518	6600	5843	5199	4638	4141	3695	3291	2921	2580	2264	1969	15
16	1.9542	1.2775	1.0248	8661	7501	6587	5832	5189	4629	4133	3688	3284	2915	2574	2259	1965	16
17	1.9279	1.2719	1.0216	8639	7484	6573	5820	5179	4620	4125	3681	3278	2909	2569	2254	1960	17
18	1.9031	1.2663	1.0185	8617	7467	6559	5809	5169	4611	4117	3674	3271	2903	2564	2249	1955	18
19	1.8796	1.2607	1.0153	8595	7451	6546	5797	5159	4603	4109	3667	3265	2897	2558	2244	1950	19
20	1.8573	1.2553	1.0122	8573	7434	6532	5786	5149	4594	4102	3660	3258	2891	2553	2239	1946	20
21	1.8361	1.2499	1.0091	8552	7417	6519	5774	5139	4585	4094	3653	3252	2885	2547	2234	1941	21
22	1.8159	1.2445	1.0061	8530	7401	6505	5763	5129	4577	4086	3646	3246	2880	2542	2229	1936	22
23	1.7966	1.2393	1.0030	8509	7384	6492	5752	5120	4568	4079	3639	3239	2874	2536	2223	1932	23
24	1.7781	1.2341	1.0000	8487	7368	6478	5740	5110	4559	4071	3632	3233	2868	2531	2218	1927	24
25	1.7604	1.2289	0.9970	8466	7351	6465	5729	5100	4551	4063	3625	3227	2862	2526	2213	1922	25
26	1.7434	1.2239	0.9940	8445	7335	6451	5718	5090	4542	4055	3618	3220	2856	2520	2208	1917	26
27	1.7270	1.2188	0.9910	8424	7318	6438	5706	5081	4534	4048	3611	3214	2850	2515	2203	1913	27
28	1.7112	1.2139	0.9881	8403	7302	6425	5695	5071	4525	4040	3604	3208	2845	2509	2198	1908	28
29	1.6960	1.2090	0.9852	8382	7286	6412	5684	5061	4516	4032	3597	3201	2839	2504	2193	1903	29
30	1.6812	1.2041	0.9823	8361	7270	6398	5673	5051	4508	4025	3590	3195	2833	2499	2188	1899	30
31	1.6670	1.1993	0.9794	8341	7254	6385	5662	5042	4499	4017	3583	3189	2827	2493	2183	1894	31
32	1.6532	1.1946	0.9765	8320	7238	6372	5651	5032	4491	4010	3576	3183	2821	2488	2178	1889	32
33	1.6398	1.1899	0.9737	8300	7222	6359	5640	5023	4482	4002	3570	3176	2816	2483	2173	1885	33
34	1.6269	1.1852	0.9708	8279	7206	6346	5629	5013	4474	3994	3563	3170	2810	2477	2168	1880	34
35	1.6143	1.1806	0.9680	8259	7190	6333	5618	5003	4466	3987	3556	3164	2804	2472	2164	1875	35
36	1.6021	1.1761	0.9652	8239	7174	6320	5607	4994	4457	3979	3549	3157	2798	2467	2159	1871	36
37	1.5902	1.1716	0.9625	8219	7159	6307	5596	4984	4449	3972	3542	3151	2793	2461	2154	1866	37
38	1.5786	1.1671	0.9597	8199	7143	6294	5585	4975	4440	3964	3535	3145	2787	2456	2149	1862	38
39	1.5673	1.1627	0.9570	8179	7128	6282	5574	4965	4432	3957	3529	3139	2781	2451	2144	1857	39
40	1.5563	1.1584	0.9542	8159	7112	6269	5563	4956	4424	3949	3522	3133	2775	2445	2139	1852	40
41	1.5456	1.1540	0.9515	8140	7097	6256	5552	4947	4415	3942	3515	3126	2770	2440	2134	1848	41
42	1.5351	1.1498	0.9488	8120	7081	6243	5541	4937	4407	3934	3508	3120	2764	2435	2129	1843	42
43	1.5249	1.1455	0.9462	8101	7066	6231	5531	4928	4399	3927	3501	3114	2758	2430	2124	1838	43
44	1.5149	1.1413	0.9435	8081	7050	6218	5520	4918	4390	3919	3495	3108	2753	2424	2119	1834	44
45	1.5051	1.1372	0.9409	8062	7035	6205	5509	4909	4382	3912	3488	3102	2747	2419	2114	1829	45
46	1.4956	1.1331	0.9383	8043	7020	6193	5498	4900	4374	3905	3481	3096	2741	2414	2109	1825	46
47	1.4863	1.1290	0.9356	8023	7005	6180	5488	4890	4365	3897	3475	3089	2736	2409	2104	1820	47
48	1.4771	1.1249	0.9330	8004	6990	6168	5477	4881	4357	3890	3468	3083	2730	2403	2099	1816	48
49	1.4682	1.1209	0.9305	7985	6975	6155	5466	4872	4349	3882	3461	3077	2724	2398	2095	1811	49
50	1.4594	1.1170	0.9279	7966	6960	6143	5456	4863	4341	3875	3454	3071	2719	2393	2090	1806	50
51	1.4508	1.1130	0.9254	7947	6945	6131	5445	4853	4333	3868	3448	3065	2713	2388	2085	1802	51
52	1.4424	1.1091	0.9228	7929	6930	6118	5435	4844	4324	3860	3441	3059	2707	2382	2080	1797	52
53	1.4341	1.1053	0.9203	7910	6915	6106	5424	4835	4316	3853	3434	3053	2702	2377	2075	1793	53
54	1.4260	1.1015	0.9178	7891	6900	6094	5414	4826	4308	3846	3428	3047	2696	2372	2070	1788	54
55	1.4180	1.0977	0.9153	7873	6885	6081	5403	4817	4300	3838	3421	3041	2691	2367	2065	1784	55
56	1.4102	1.0939	0.9128	7854	6871	6069	5393	4808	4292	3831	3415	3034	2685	2362	2061	1779	56
57	1.4025	1.0902	0.9104	7836	6856	6057	5382	4798	4284	3824	3408	3028	2679	2356	2056	1774	57
58	1.3949	1.0865	0.9079	7818	6841	6045	5372	4789	4276	3817	3401	3022	2674	2351	2051	1770	58
59	1.3875	1.0828	0.9055	7800	6827	6033	5361	4780	4268	3809	3395	3016	2668	2346	2046	1765	59
	0	1	2	3	4	5	6	7	8	9	10	11	12	13	14	15	

RULE: – Add proportional log. of planet's daily motion to log. of time from noon, and the sum will be the log. of the motion required. Add this to planet's place at noon, if time be p.m., but subtract if a.m., and the sum will be planet's true place. If Retrograde, subtract for p.m., but add for a.m.

What is the Long. of ☽ January 22, 2003 at 2.15 p.m.?

☽'s daily motion – 14° 13′

Prop. Log. of 14° 13′ 2274

Prop. Log. of 2h. 15m. 1.0280

☽'s motion in 2h. 15m. = 1° 20′ or Log. 1.2554

☽'s Long. = 24° ♍ 27′ + 1° 20′ = 25° ♍ 47′

The Daily Motions of the Sun, Moon, Mercury, Venus and Mars will be found on pages 26 to 28.